SHAO ER CHA YI

少儿茶艺

朱海燕 等 著

下册

中国林业出版社
·北京·

作者简介

朱海燕，女，博士，湖南农业大学教授，大益集团博士后，休斯顿大学访问学者，以研究与传播中国茶文化为己任，主讲《中国茶道》《中华茶礼仪》精品开放在线课程。坚持原创性学术研究，出版《明清茶美学》《中国茶道·礼仪之道》等著作或教材8部，发表科研与教改论文40余篇。先后获"优秀教师""优秀茶文化教师"等称号，2020年获园艺院首届"教书育人"奖。

卫艺炜，女，湖南农业大学茶文化方向在读研究生，热爱茶文化与茶艺创编，致力于中华优秀茶文化的传播；多次参加社会实践，紧密接触少儿群体，曾赴山区担任少儿教师，引导少儿习茶艺、行茶礼、表茶意，提升综合文化素养。曾荣获全国大学生茶艺技能竞赛个人赛金奖，以及省级茶艺技能竞赛个人赛金奖两次、银奖一次，创编人文关怀类茶艺作品——《星茶语 慢时光》，旨在呼吁社会关爱自闭症儿童群体。

黄健垚，女，硕士，毕业于湖南农业大学茶学专业。青少年茶文化教育课程开发员，主要从事少儿茶艺与研学方面的工作，致力于传播与弘扬茶文化。

团队其他成员　堵　茜　周　虹　刘巧灵　曹雪丰　冯晓雪
刘　璐　王　厅　陈　勋　叶青青　朱浩东
李胜彬　周　正

　　茶文化是中国优秀传统文化的重要组成部分，凝聚了中华民族数千年的智慧和力量，所具有的教育功能得到广泛的认同。青少年是国家之精华，民族之至宝，世界之未来，社会之希望。2018年8月，习近平总书记在全国宣传思想工作会议上强调："育新人，就是要坚持立德树人、以文化人，建设社会主义精神文明，培育和践行社会主义核心价值观，提高人民思想觉悟、道德水准、文明素养，培养能够担当民族复兴大任的时代新人。"

　　编写本读物是顺应时代的需求，促进少儿茶文化教育的发展，践行茶文化研究与传播者的初心：以茶为载体，传承中华传统文化，为广大学习茶文化的青少年提供正确、有效的规范与指导，引导青少年崇尚"真、善、美"的优良品质，培养"知茶达礼"的小茶人。

　　本读物在环节设计、表达形式等方面融入了新的理念与创意，形成了独具特色的模式，主要体现在以下3个层面：

　　一、呈现方式新颖。打破传统的口耳相传和通篇文字描述的陈规，设计了"寓乐夫子""小茗"和"佳佳"三个人物形象，寓乐夫子的形象刻画取自"寓教于乐"，包含两层含义：一是把知识融入能激发孩子兴趣的方式中，尽量使教学过程像娱乐活动一样有趣且吸引人；二是充分调动孩子积极性，起到良好的引导作用，变被动为主动，从接收到汲取。小茶童"小茗"和"佳佳"这两个形象由"戏作小诗君勿笑，从来佳茗似佳人"而得来。根据知识内容原创手绘插图近100幅，以"三人"对话、问答的形式串起全文，前后呼应，让学习者身临其境。

二、语言通俗易懂。全书图文并茂，语言贴近青少年的习惯思维。尤其值得一提的是，为了便于记忆，50多首朗朗上口、抑扬顿挫、韵律优美的原创儿歌跃然纸上。让学习者在体验语言趣味的同时，加深记忆、巩固知识。

三、传授理念创新。以寓教于乐为核心理念，教融于学、乐学勤思、温故知新。通过故事讲述、情景浸入、作品赏析、实践活动等方式，充分调动学习者独立思考与动手创新的多种能力，从而培养良好的学习习惯。每章节针对动手、创新、思考、表达、协作等能力的训练，设计了多种类型的游戏活动，不但能锻炼学习者的动手和思考能力，还能提高记忆和语言组织能力，在"春风化雨"中传播茶文化知识，帮助学习者做到综合素养的提升。

《少儿茶艺》系列书目分为上、下两册，充分将理论与实践相结合，逻辑结构清晰，针对不同年龄的读者，设置难易适中、由浅及深的章节内容，各章节内容相对独立又密不可分，适合长期阅读，陪伴读者成长。上册适用于小学一至三年级，介绍茶文化的基础知识，覆盖茶的传说、利用、起源、发展、饮法变迁、多元利用、品质特征、茶具演变、茶礼茶俗和创意调饮等多个方面，侧重于基础理论知识的普及和兴趣的培养，语言简洁明了，内容精练易懂。下册适用于小学四至六年级，介绍茶艺的实操技能和茶文化的诸多成就，覆盖茶艺实操、茶席设计，欣赏与茶相关的诗词曲画、了解名山名水名茶人、体验世界茶俗风采等多个方面，侧重于创新能力的激发和实操能力的提高，进一步加深读者对茶全方位的了解和热爱，使其在茶文化的熏陶下，领略到中华传统优秀文化的魅力。

茶和茶文化作为东方农业文明的代表与结晶，对人类的生活审美以及人类社会的文明与进步产生了巨大的影响，为了赞美茶叶在世界经济、社会和文化等方面所具有的价值，2019 年 11 月 27 日，第 74 届联合国大会宣布将每年 5 月 21 日设为"国际茶日"，中国茶也将担负着"和天下"的使命，以更快的速度走向世界，而青少年正是将中国茶推向世界的主力军。我们致力于给广大青少年群体，提供一系列有趣的、适用性强的读物，希望培养出习茶、爱茶、敬茶、懂茶的中华茶文化使者，能心怀天下，与世界共饮一泓水。

少儿茶文化教育是一项非常有意义的事业，希冀本读物的出版能助绵薄之力。

目录
CONTENTS

第一章
小小茶人习茶艺

行茶礼，表茶亲

茶艺展示是在科学地冲泡出一杯好茶的基础上，借用一定的艺术表现形式，让品茶人在享受一杯好茶的同时，还能欣赏到美，获得味觉、嗅觉、视觉等全方面的享受。因此小茶人首先应练好泡茶的基本功，并运用娴熟（xián shú）的技术，结合对中国传统文化与艺术的理解给品饮者带来美的享受。达到泡好一杯中国茶，传承优秀茶文化的目的。

在台上表演的小姐姐好漂亮，动作好优美呢，茶艺就是在舞台上表演泡茶吗？

夫子，那我们在家里泡茶也算是茶艺吗？

寓乐夫子

佳佳

小茗

夫子您快告诉我们究竟什么是茶艺吧！

好的，小茶人们，听我慢慢道来。

第一节　调神养心初识茶艺

一 | 茶艺的概念

茶艺，即是一门饮茶的生活艺术，包括了备器、择水、候汤、泡茶、奉茶、品茶等一系列行为动作的泡茶和饮茶技艺。2000年出版的《中国茶叶大辞典》对"茶艺"的解释为：泡茶与饮茶的技艺。中国茶艺常见种类有文人茶艺、禅师茶艺、宫廷茶艺、平民茶艺等。各类茶艺因参与人员、情操观念和客观条件的差异，对茶叶要求、茶具选择、环境布置、茶点选用都各具特色。

夫子，听上去好复杂啊？

别急，我给你们说简单一点儿。

茶艺有广义和狭义之分。狭义的茶艺就是研究如何泡好一壶茶的技艺和如何享受一杯茶的艺术。茶艺以泡茶技艺为主体，以品茶的艺术为核心。只有技艺而无艺术不能称之为茶艺，只有艺术而不注重技艺也不能称之为茶艺。二者相辅相成，结合成为茶艺。

夫子，我明白了，简单来说我们就是要学习泡茶、品饮的技术和艺术。对吗？

非常正确！但是泡一壶好茶并不是一件容易的事情，小茶人们要仔细认真学习，还要多多练习哦。

儿歌·快乐习茶

小小茶人习茶艺，循序渐进知茶理。
调神养心坐端正，高冲低斟技艺精。
戒骄戒躁心从容，互助友爱乐陶陶。
双手奉茶表礼敬，快乐成长茶相伴。

二、茶礼仪基本原则

行茶礼，表茶意

"净、静、敬、和"是茶礼仪的四大基本原则。

➤ 净

净是对水、茶具、环境的基本要求，干净无污是茶道礼仪中最基本、最重要的礼仪要求。

有水才能泡茶。古人有言"无水不可论茶也""茶性必发于水，八分之茶，遇十分之水，茶亦十分矣；八分之水，试十分之茶，茶只八分耳"。可见，水对于茶来说尤为重要，泡茶时必须选用适宜泡茶的纯净水、山泉水等，才能发挥茶性；所用茶具也需洁净无污，泡茶前还可以当着客人的面用开水烫洗一次；环境的净体现在茶席整洁干净，茶具整齐有序的摆设，无其他杂物。

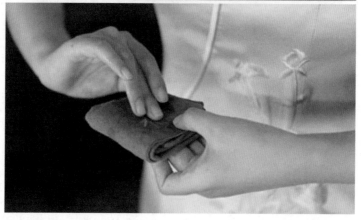

茶艺演示过程中，一般在展示茶器后，还会用开水烫洗所用茶器，大家思考下，这个步骤的主要作用？

我知道！是为了表达对客人的尊敬，同时还能提高泡茶器的温度，更快地让茶泡出味道来。

> **静**

茶艺展示过程讲究环境的"幽静"，幽静的环境使人心静，能抛开心中的烦闷，忘掉繁琐（fán suǒ）的事物，因为当人静下来时，就能更加冷静地分析和判断问题。品茶过程也需要心静，排除干扰，才能泡好茶，细细品味茶汤，感悟人生。静是客观要求，亦能让人在茶艺展示过程中静下心来，有耐心地冲泡，能让人浮躁心静下来，调整和释放学习和工作的压力，培养不骄不躁、从容朴实、安于乐道的人生态度。

> **敬**

感受茶艺，要常常怀抱一颗恭敬之心，珍惜一芽一叶，悉知从茶园到茶杯，一杯茶要经历从采摘、加工制作、包装、贮（zhù）运的过程，每一个环节都倾注了茶行业从业者们的心血，才造就了一杯色香味美俱全的好茶，呈现在小茶人面前。我们要对采茶人、制茶人、售茶人心怀尊敬，在不同的环境中运用恰到好处的礼仪。对客人要敬重，俗话说"酒满敬人，茶满欺人"，小茶人在斟茶时，倒茶七分满，以示

尊敬；奉茶时，双手奉上一杯茶，面带微笑，请客人喝茶。对敬字的充分理解有助于礼仪规范的养成，也可以让他们了解中国传统文化，做一个知礼、懂礼的小茶人，促进小茶人的全面健康发展。

儿歌·酒满茶浅

水满溢，月盈亏，倒茶有讲究。
手不抖，汤不洒，礼意藏杯中。
七分茶，三分情，行事讲分寸。
微微笑，奉上茶，大方又礼貌。

茶是喝热的，七分满能很好避免烫着客人或洒到衣物上，造成不必要的尴尬；七分满也利于均分茶汤，让所有客人都共享清茶；品茶倒太满了不便品闻茶香和观赏杯中汤色。更进一步来说，君子之交淡如水，一杯浅茶悠悠情谊，足矣。

茶倒七分满的原因是不是还有怕洒出来啊？

夫子，我们学过两句茶语，酒满茶浅和以茶代酒。这都是我们中国人喝茶的讲究吗？

是的。这些都是行茶饮茶中的礼仪。

> **和**

茶艺就是以茶为载体，在传统文化的引领下，让人达到"和"的境界。以和为贵，坚守秩序（zhì xù）是茶道文化的重要内涵，茶道文化提倡人与人之间要相互帮扶，避免纷争，遇到意见不一致的时候要以和平的方式与对方达成意见统一。要想真正实现"和而不同，美美与共"，需要更多的人了解"和"字蕴（yùn）含的深厚道理。

小茶人们，将茶道精神运用到日常生活中去，你们觉得会带来什么改变呢？

我会更懂尊敬别人。遵守学校纪律，朋友之间相互帮助，团结有爱。

我会更有耐心，对学习和生活都是，静心做事，知礼懂礼。

儿歌·茶礼仪规范

茶具与茶席，净洁无污垢。
习茶与生活，静心而从容。
待人与对物，敬重且珍惜。
美人之美，美美与共，天下和谐。
"净、静、敬、和"牢牢记。

第二节　晶莹玻璃杯泡饮绿茶

晶莹剔透的玻璃杯适宜冲泡绿茶，有助于充分欣赏细嫩茶芽在水中的舒展、上下沉浮优美之姿，茶汤的色泽，有较高的观赏性和趣味性。玻璃杯冲泡绿茶简单方便，散热较快，而且玻璃杯不会吸收茶香，这样可以使绿茶的香气更浓。

等学会茶艺，我想亲手给妈妈泡一杯茶喝。

这是我第一次自己动手练习茶艺，有点紧张呢。

不用紧张，我们可以先学习茶艺流程和操作要领，我们先用冷水来练习，等大家熟悉了流程和操作技术后，再用热水练习，热水练习时一定要注意不要烫到自己的手哦，下面大家跟着我一起来练习茶艺，大家准备好了吗？

夫子，我们准备好了！

一 玻璃杯冲泡绿茶步骤

玻璃杯冲泡绿茶步骤：

（1）备具：透明玻璃杯2只，茶荷、茶匙、透明水盂、茶巾、透明煮水器各1件。仔细检查所用器物，清洗干净，保证茶具洁净无污。

（2）候汤：准备好洁净无污的纯净水、山泉水或是桶装水等适宜泡茶的水，用煮水器将水煮沸。

（3）温杯：向杯中注入少量开水至玻璃杯1/3处。左手托杯底，右手握住杯身，倾斜杯身，使水沿杯口转动一周，再将温杯的水倒掉。

（4）赏茗：双手捧起茶荷，伸至客人面前，请客人欣赏干茶的形状与色泽。

（5）置茶：用茶匙将茶荷中的茶叶轻轻拨入玻璃杯中，180ml的玻璃杯投茶量约为3g。

（6）润茶：待水温降至80℃时倒入杯中，注水至杯子容量的1/3，接着右手握住杯身，左手以三龙护鼎的手势握住杯底，轻轻旋转杯身，让茶叶浸润10s左右，促进茶芽的舒展。

（7）冲泡：运用"凤凰三点头"的手法冲水——冲泡时由低到高将水壶上下连拉3下，茶叶在杯中翻转，水流不断，向杯中注入80℃的水至七分满。

（8）奉茶：将泡好的茶用双手端给宾客，运用伸掌礼请客人品饮。拿茶杯时注意不要碰到杯口。

夫子，为什么我看见有哥哥姐姐泡茶，先注水然后投茶呢，他们是做错了吗？

小茗同学观察的很仔细哦，玻璃杯泡绿茶有三种方式，接下来我们就来学习一下。

儿歌·玻璃杯泡绿茶

玻璃杯，摆整齐，先涤器，再泡茶，

先投茶，再注水，下投冲泡味道浓。

先注水，再投茶，上投方式赏沉落。

水注半，投入茶，再次注水至七分；

上中下投巧运用，尽现绿茶色香味。

凤凰点头迎宾客，细嫩茶芽杯中舞。

二、玻璃杯冲泡三种方式

根据茶叶的造型，玻璃杯冲泡绿茶可用上、中、下三种不同方式。

➤ 上投法

先注水至七分满后投茶。上投法冲泡绿茶可以让水适当冷却，起到保鲜作用，水也不会冲击茶叶，可展示茶叶自由沉落过程中的舒展之美。茶汤相对清亮，滋味相对清淡。采用上投法冲泡绿茶时，会使茶汤浓度上下不一，茶香不容易散发。因而，品饮上投法冲泡的茶时，最好先轻轻摇动茶杯，使茶汤浓度上下均一，茶香得以挥发。

上投法适用于条索紧结，重实，易下沉的细嫩绿茶，如碧螺春、信阳毛尖、古丈毛尖等。

➤ 下投法

置茶后注水三分满，润茶，再用"凤凰三点头"的手法向杯中冲水。下投法冲泡绿茶时水对茶有力冲击，使水浸出率和速度加快。茶叶舒展较快，茶汁易浸出，茶香透发完全，芽叶飞舞，有欣赏美感。茶汤稍浊，滋味相对较浓。

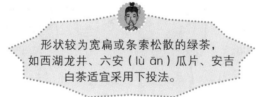

形状较为宽扁或条索松散的绿茶，如西湖龙井、六安（lù ān）瓜片、安吉白茶适宜采用下投法。

➤ 中投法

注水至玻璃杯的1/3，投茶，再注水。中投法冲泡绿茶可适当降低水温，适当让茶芽舒展。高冲注水时能使茶香散发，在较短时间内水浸出率较高。茶形较紧结，嫩度一芽一叶或一芽两叶的绿茶适用于中投法。一般来说，适合下投法冲泡的茶也适宜中投法，只是下投法泡出来味道更浓一些。

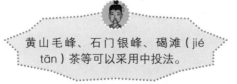

黄山毛峰、石门银峰、碣滩（jié tān）茶等可以采用中投法。

第三节 无瑕白瓷盖碗泡红茶

玻璃杯茶艺中，适用的大多数都是绿茶。那么红茶选用什么器具冲泡会比较合适呢？

我们家泡红茶时使用得最多的是白色的盖碗，应该是瓷质的。

是的，在冲泡之前，根据茶叶的特质和茶器的优势，进行搭配组合。这就考验小茶人们对各类茶和茶器的了解程度啦。

夫子，那我们快开始学习白瓷盖碗冲泡红茶吧！通过实践，能体验出更多可能。

无暇的白瓷盖碗最能体现红茶香气与滋味，白瓷映衬利于观其汤色，红茶本身的茶汤颜色为红色，在白瓷的映衬下，在杯壁上沿区域，茶汤与白瓷茶具形成一层"金圈"，独具美感。瓷质盖碗传热、保温性适中，也不易烫手。

一｜白瓷盖碗冲泡红茶步骤

无暇白瓷盖碗冲泡红茶步骤如下：

（1）备具：盖碗、公道杯、茶滤、茶荷、茶夹、茶匙、茶盘、茶巾、煮水器、水盂各1件，品茗杯3只。

（2）温杯：右手提壶，左手掀盖，将开水注入盖碗中七分满，盖上盖杯，右手拇指和中指握住盖碗边缘，食指固定盖，左手托住杯底，逆时针绕一圈，然后再将开水倒入公道杯，旋转烫洗后，将水倒入品茗杯中，用茶夹润洗品茗杯将水倒入水盂中。

（3）赏茗：双手捧起茶荷，伸向客人，请客人赏茶。

（4）置茶：用茶匙把茶荷中的茶轻轻拨入盖碗中，投茶量为3g左右。

（5）润茶：手持水壶沿盖碗内侧逆时针注水二至三圈，水量以浸没茶叶为宜。盖上盖碗的盖子，右手拇指和中指握住盖碗边缘，食指固定盖，左手托住杯底，其他的手指尽量不要碰碗身和盖子。逆时针轻轻摇动杯身两圈，使茶叶充分浸润。

（6）冲泡：红茶以90℃水温冲泡为宜，因采用"高冲法"冲泡，又称"悬壶高冲"。往盖碗中冲水至八分满，盖上盖碗的盖子。运用"悬壶高冲"的手法能使水温适当降低，使茶叶在盖碗中上下翻滚，激荡茶性。

（7）斟茶：浸泡30s左右后，将冲泡好的茶汤注入公道杯中，拿盖碗时，大拇指和中指放在盖碗口沿，食指按在盖纽上，拿起后让茶水沿着拇指方向倒进公道杯中。然后分到品茗杯中倒至七分满。

（8）奉茶：双手敬奉佳茗敬献给客人。

二｜ 盖碗冲泡关键技术

　　盖碗的组成是一式三件，杯盖为天，杯托为地，杯身为人，天地人三才合一，共同孕育茶之精华。制作盖碗的材质有瓷、紫砂、玻璃等，以各种花色的瓷盖碗为多，造型独特，制作精巧。

　　盖碗既可以一人一套当作茶杯直接饮用，也可以用来做泡茶器具，泡茶后分至小品茗杯中饮用。盖碗当作饮茶器时，饮茶时有茶托免烫手之苦，只需端着就可稳定重心，轻轻揭开杯盖，只需半张半合，茶叶既不入口，茶汤又可徐徐沁出，甚是惬意。盖碗做泡茶器时，茶盖置杯口，若要茶汤浓些，可用茶盖在水面轻轻刮一刮，使整碗茶水上下翻转，轻刮则淡，重刮则浓，巧妙控制茶汤浓淡。

小贴士：盖碗巧使用

（1）用盖碗品茶，杯盖、杯身、杯托三者不应分开使用，否则既不礼貌也不美观；

（2）品饮时，揭开碗盖，先嗅其盖香，再闻杯中茶香；

（3）饮用时，手拿碗盖撩动或拨开漂浮在茶汤中的茶叶，再饮用；

（4）在闽（mǐn）南一些地区常以盖碗泡茶后再均分茶汤，在北方地区通常用盖碗泡茶后就直接饮用。

第四节 蕴香紫砂壶闷泡黑茶

紫砂介于陶器和瓷器之间的茶器，具有特殊的双气孔结构，透气性极佳且不渗透。具有传热缓慢，使用时不易烫手，保温性好的优点。冲泡黑茶，聚香含淑，香不涣散，充分展现黑茶的色、香、味。

我们今天体验过了清透的玻璃杯、无暇洁白的盖碗，现在让我们一起来感受蕴香紫砂壶的魅力吧！

好！早就听说紫砂壶有聚香和保温的优点，我们想亲身感受一下它的妙处。

一 紫砂壶闷泡黑茶步骤

蕴香紫砂壶闷泡黑茶步骤如下：

（1）备具：紫砂壶、公道杯、过滤网、茶荷、茶船、茶夹、茶匙、煮水器各1件，品茗杯3只。

（2）温壶：用沸水把壶、杯淋洗一遍，这样能提高杯盏的温度，而且能够表达对客人的尊敬。

（3）赏茗：双手捧起茶荷，伸至客人面前，请客人欣赏茶叶的形态。

（4）置茶：用茶匙将茶荷中的茶少量多次地拨入茶壶中，使茶叶均匀散落在壶底，投茶量占茶壶容量的 1/3 ~ 1/2 为佳。

（5）润茶：将 100℃ 的开水"高冲"入壶，至溢出壶盖沿为宜，用壶盖轻轻旋转刮去浮沫，随后倒入公道杯中。

（6）冲泡：向壶内冲水浸泡茶叶，随手加盖，用润茶的茶汤浇灌茶壶，提高壶内温度，浸泡40s，还可根据投茶量，客人喜好进行调整浸泡时间。

（7）斟茶：把茶汤滤入公道杯中，再依次注入到品茗杯内，以倒七分满为宜。

（8）奉茶：端一杯茶，小茶人举杯齐眉，以腰为轴，躬身将茶献出，敬奉给客人，这样一则表示对品茶人的尊敬，二则表示对茶这种至清至洁的灵芽的敬重。

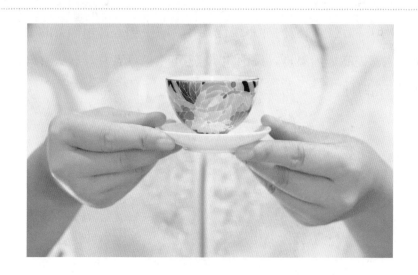

二、紫砂壶冲泡关键技术

紫砂茶具是泥与火交融的艺术品，因其气孔率高、吸水量大，故茶泡好后，持壶盖即可闻其香气，尤显醇厚。在冲泡乌龙茶时，还可以使用闻香杯和品茗杯，闻香杯质地要求致密，当茶汤由闻香杯倒入品茗杯后，闻香杯中残余茶香不易被吸收，因闻香杯细长易聚香，利于品茶时嗅闻。

洁具时用开水浇烫茶壶，其目的是洗壶和提高壶温。先注水进行温润泡，采用悬壶高冲，借助水的冲力达到润茶的目的，用壶盖轻轻地刮去壶口泛起的白色泡沫，可以使壶内的茶汤更加清澈洁净。继后注满水再加盖用热水浇淋壶的外部，内外加温有利于茶香的散发。

小科普：紫砂壶的七大特点

（1）用以泡茶不失原味，"色香味皆蕴"，使"茶叶越发醇郁芳沁"；

（2）壶经久用，光泽温润，泥色多变，耐人寻味；

（3）耐热性能好，冬天沸水注入，无冷炸之忧又可文火炖烧；

（4）陶壶传热缓慢，使用时不易烫手；

（5）较长时间养壶后，即使只注入沸水，也有茶香茶味；

（6）夏天泡茶，两三天内，壶内茶都不会变馊；

（7）集中国传统艺术"诗、书、画、印"等多种艺术于一体，文化蕴味十足。

我的家乡在湖南，长沙铜官窑和安化黑茶都是湖南的特色哦！好茶配好器，蕴出茶香来。佳佳你的家乡有与茶相关的特色吗？

那是当然，我的家乡在潮州，声名远扬的潮汕工夫茶就是我们家乡最大的特色。

既然两位小茶人都提到了自己的家乡，那我们就来分享一下家乡的茶味茶韵茶情吧！

第五节　潮州工夫呈现非遗魅力

2008 年，潮州工夫茶艺作为茶艺的代表入选第二批国家级非物质文化遗产名录。

潮州工夫茶艺是明清时期开始流行于广东潮州府及其周边地区的特有的传统饮茶习俗和冲泡方法。选择以凤凰单丛茶为代表的乌龙茶类，采用特定器具、洁净的水和独特的技法程式，蕴含了"和、敬、精、乐"的精神内涵。

一、潮州工夫茶器物的构成

主要茶器为茶壶、茶杯、砂铫（diào）、泥炉，又称茶器四宝，并配以其它器皿、生火材料与辅助物品。

泡茶器	以朱泥壶（孟臣壶）与盖瓯（盖碗）两种为主。朱泥壶以宜兴、潮州两地产为上，容量以 90～150mL 为宜；盖瓯以白瓷敞（chǎng）口型为佳，容量以 120mL 为宜。
品茗杯	以潮州白瓷小杯为主，容量 25～35mL，传统习俗中数量 3 个。
砂铫	容量 300～500mL，以潮州本地砂泥烧制而成的砂铫为佳，其它符合安全和卫生标准材料制成的煮水器也可代替使用。
泥炉	直径 12～20cm，高 25～40cm，以传统红、白泥小风炉为主。可用小型远红外线炉、电陶炉代替。
茶盘	敞口浅腹瓷盘，口径 15～22cm，高 2～5cm，用于放置茶杯。

（续）

壶承、壶垫	壶承为圆形浅腹瓷盘，高 4～5cm，根据茶壶或盖瓯大小选择口径适合的壶承。壶垫以无异味、软硬适中的丝瓜络为佳。
茶洗	由 1 个正洗、2 个副洗组成。正洗为圆形浅腹瓷盘，口径 12～18cm，高 4～5cm，放置备用的茶杯。副洗 1 与正洗器型相似，用以浸泡茶壶；副洗 2 为圆形瓷碗，倾倒茶渣和废水。
水瓶	用于添水，容量约 1000mL。
水钵（bō）	用于储水，容量约 5000mL，以宽口、束脚、圆腹的瓷缸体为佳。
龙缸	用于储水的水缸，容量适宜，带盖。
羽扇	生火时搧（shān）风用，大小与泥炉相适应，传统鹅毛羽扇为佳。
生火工具	包括铜锤、大铜钳（qián）、小铜钳、铜铲、铜火箸（zhù）。生火时，铜锤用于敲炭，大铜钳用于夹冷炭，小铜钳用于夹热炭，铜铲用于清理炭灰和添加橄榄炭，铜火箸用于拨炭。
生火材料	包括竹薪（xīn）、坚炭、橄榄炭。竹薪用于引火，坚炭以荔枝炭、龙眼炭等为主，橄榄炭由乌榄核烧制而成。
茶台	放置泡茶器、茶壶、茶盘、茶杯、茶洗、茶巾等冲泡器具。形状、材质、规格不限，以方便冲泡为宜。
炉台	放置泥炉、砂铫、水瓶、生火工具等。
茶巾	以吸水性强的布料制作，用于擦拭茶桌或者壶底水渍。
茶罐	储藏茶叶的容器，要求密封性强。旧时多用潮阳产的锡罐，现代以不锈钢罐、陶瓷罐等为主。
素纸	用于炙茶、倾茶的绵纸。

循规有序，典雅大方。
让我带领大家一起欣赏我家
乡的潮汕工夫茶茶艺的独
有魅力吧！

二丨潮州工夫茶艺冲泡程序

1.备器（精心备器具）

将器具摆放在相应位置上，俗话说："茶三酒四"，茶杯呈"品"字形摆放。

2. 生火（榄炭烹清泉）

泥炉生火，砂铫添水，添炭搧风。

砂铫添水

泥炉添炭

搧风催火

3. 净手（沐手事佳茗）

烹茶净具全在于手，洁手事茗，滚杯端茶。

4. 候火（搧风催炭白）

炭火燃至表面呈现灰白，即表示炭火已燃烧充分，杂味散去，可供炙茶。

5. 倾茶（佳茗倾素纸）

所使用的素纸为绵纸，柔韧且透气，适合炙茶提香。

6. 炙茶（凤凰重浴火）

炙茶能使茶叶提香净味。炙茶时，茶叶在炉面上移动而不是停留，中间翻动茶叶一到二次至闻香时，香清味纯即可。

7. 温壶（孟臣淋身暖）

壶必净、洁而温。温壶，提升壶体温度，益于增发茶香。

8. 温杯（热盏巧滚杯）

滚杯要快速轻巧，轻转一圈后，务必将杯中余水点尽，是潮州工夫茶艺独特的温杯方法。

9. 纳茶（朱壶纳乌龙）

纳茶时，将部分条状茶叶填于壶底，细茶末放置于中层，再将余下的条状茶叶置于上层，用茶量约占茶壶容量八成左右为宜。

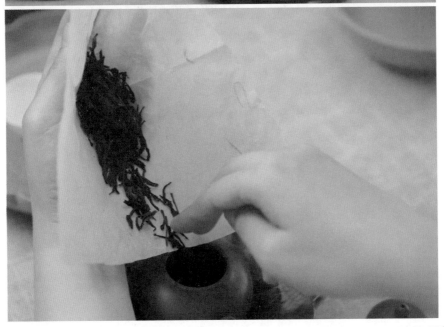

10. 润茶（甘泉润茶至）

将沸水沿壶口低注一圈后，提高砂铫，沿壶边注入沸水。至水满溢出。

11. 刮沫（移盖拂面沫）

提壶盖将茶沫轻轻旋刮，盖定，再用沸水淋于盖眉。

12. 烫杯（斟茶提杯温）

运壶至三个杯子之间，倾洒茶汤烫杯，然后将杯中茶汤弃于副洗。提高茶杯温度。

13. 高冲（高位注龙泉）

高注有利于起香，低泡有助于释韵，高低相配，茶韵更佳。

14. 滚杯（烫盏杯轮转）

用沸水依次烫洗茶杯。潮州工夫茶讲究茶汤温度，再次热盏必不可少。

15. 低斟（关公巡城池）

每 1 个茶杯如 1 个"城门"，斟茶过程中，每到 1 个"城门"，需稍稍停留，注意每杯茶汤的水量和色泽，3 杯轮匀，称"关公巡城"。

16. 点茶（韩信点兵准）

点滴茶汤主要是调节每杯茶的浓淡程度，手法要稳、准、匀，必使余沥（lì）全尽，称"韩信点兵"。

17. 请茶（恭敬请香茗）

行伸掌礼，敬请品茗者品茗。

18. 闻香（先闻寻其香）

用拇指和食指轻捏杯缘，顺势倾倒表面少许茶汤，中指托杯底端起，杯缘接唇，杯面迎鼻，香味齐到。

19. 啜味（再啜觅其味）

分三口啜品。第一口为喝，第二口为饮，第三口为品。芳香溢齿颊，甘泽润喉吻。

20. 审韵（三嗅审其韵）

将杯中余水倒入茶洗，点尽，轻搧茶杯后吸嗅杯底，赏杯中余韵。

21. 谢宾（复恭谢嘉宾）

茶事毕，微笑并向品茗者弯腰行礼以表谢意。

玻璃杯、盖碗、紫砂壶茶艺，还有潮汕工夫茶茶艺。我们今天真是收获满满，观赏了这么多优美的茶艺，也学习到了基本步骤和基本原则。我们还感受到了各具特色的茶香茶韵，太开心了！

原来茶艺表演并不是随意的，优雅的一举一动也是遵循规律步骤和原则的，真是美中有序，今天收获很多，谢谢夫子。

小茶人们今天表现得非常棒，思考中实践，手脑眼并用，让我看到了争做中华小茶人的决心，希望今后的学习和体验能带给你们更多关于茶的美好和奇妙。

会的，我们一定会努力学习！

寓乐天地——湘茶酌湘瓷

 原来茶器物的选择跟冲泡程序都是随着茶品而灵活变动的，不同茶品的冲泡都有着自己的最佳方式。

是啊，就像我们之前学的好茶配好水，好茶配好器一样，想要冲泡一杯好茶，更重要的是熟悉和规范冲泡的方法与流程啊。

 小茶人们说的很对，我们今天的活动还是围绕所学知识展开，大家思考一下自己家乡或者身边的大人，都是如何选配茶器物，如何冲泡的呢？

既然佳佳分享了潮州工夫茶茶艺，我也想跟大家分享在我家乡，以湘茶配湘器的奥妙。

　　长沙铜官窑，始于初唐，盛于中晚唐，距今已有1000多年的历史，是与浙江越窑、河北邢窑（xíng yáo）齐名的中国唐代三大出口瓷窑之一，也是世界釉（yòu）下多彩陶瓷发源地。自1956年被发现以来，出土文物已过万件。被考古学家称为千年前的世界工厂。2012年6月5日长沙铜官窑国家考古遗址公园正式对外开放。

　　长沙铜官窑将中国优秀传统文化中的书法、绘画、雕塑、诗词歌赋、谚语及产品广告等融入陶瓷装饰艺术中，丰富了瓷器的装饰艺术，是中国瓷器装饰艺术上的创举。

　　长沙铜官窑的绘画丰富多彩，以花草树木、飞禽走兽、山水人物为主，如花间小鸟、双凤朝阳、芦鸭戏水等。它们有的用单线勾勒，有的用彩色渲染，有的用笔泼墨，虽然构图简单，但技巧娴熟，意境

精深，充满了生命的活力。长沙铜官窑出土的瓷器极富艺术创造性，不仅种类繁多，而且造型别致美观，样式新颖多变。

安化黑茶，中国国家地理标志产品。因产自湖南安化县而得名。陶澍（shù）诗云："斯由地气殊，匪藉（fěi jiè）人工巧。"安化古称梅山，地处湘中偏北，雪峰山脉北麓（lù），资水中游，是一个"八山半水半分田，一分旱土和庄园"的山区，宋代建县时，茶树已"山崖水畔，不种自生"。其处于神秘北纬30°和地球南北轴线的黄金分割点附近。

这就是我家乡的茶器茶味、茶韵茶情，潇湘山秀水美，楚界人杰地灵。铜官窑里铸佳器，安化黑茶香远播。

我们今天体验了许多茶艺的冲泡妙义，快来说一说你的家乡有没有特色的好茶配好器物，或者独特的泡茶技艺吧！

我的家乡	特色好茶	独特冲泡技艺
河南	信阳毛尖	玻璃杯中投法使用85℃水温冲泡

第二章
巧手勤思布茶席

　　茶，是一种可以拓展无限审美的载体，茶席艺术因茶而生，不仅有实用价值，又有一定的欣赏美感。而这种美需要通过茶文化艺术展现给世人，在文化艺术的展现中包含了绘画、书法、音乐、插花、焚香等丰富的表现形式，茶席成为了人们情感寄托、表达自我、美化生活的载体和途径。有的时候，茶席的创作程度不亚于一幅绘画作品或一个装置艺术，同样需要茶人怀抱创作的热情，熟稔（rěn）亲力亲为的朴素执着，注入无尽的想象力。让我们走近茶席，擦亮发现美的双眼，近距离感受茶席艺术的魅力。

第一节　茶席组成要素

小茶人们，你们知道什么是茶席吗？

不是很明白，谨听夫子讲解。

一、茶席的概念

　　茶席，原本是因人类生活的日常物质需要而被创造出来的，随着不断的发展，兼具了审美性功能，成为了人们在生活呈现审美趣味的方式之一。当代茶席，又被引入了新的内容，有了新的发展。综合来看，茶席是借助茶为物质载体，以茶器为表现形式，以茶人为点睛之笔，以茶、器、人所构建的具有一定实用性、艺术性、符号性、叙述性的生活美学空间。

　　茶人们将动态茶艺搭配静态茶席，浑然一体，在自我表现的基础上折射精神世界，事物从庞杂进入丰富，再从丰富中得其精华，最终展现出别具意味的美。

儿歌·动手创造美

小小茶人布茶席，动手创造生活美。
实用美和艺术美，美美相应有魅力。
九个要素理清楚，茶席搭配才和谐。
巧手勤思妙构想，漂亮茶席真独特。

夫子刚刚讲到，茶席借助茶为载体，所以我认为茶席中最重要的元素就是茶！

简言之，茶席就是泡茶、喝茶的地方。包括泡茶的操作场所、客人的坐席以及所需气氛的环境布置。那我们来思考一下，一个茶席作品应当包含哪些要素呢？

佳佳说得对，但是有了茶，还需要茶器、茶人等才能构成一个空间。

的确，茶、器、人缺一不可。茶席的主要组成要素其实可以分为9类，茶品、茶具、铺垫、插花、焚香、挂画、工艺品、茶点、茶人。

那这些要素有主次之分吗？是所有茶席都包含九要素的吗？

不一定哦，这些要素可根据实际情况，合理选择。各要素之间相互协调，和谐才是布置茶席的宗旨。下面让我们一起了解九类要素吧。

二| 茶席九要素

茶品——茶席之核心

> 茶席核心是茶品，茶品选用有讲究。
> 因茶布席巧设计，茶为灵魂不能忘。
> 泉甘器洁择佳客，营造氛围添情趣。
> 中国名茶品类多，一方茶席见人情。

茶具——茶席之主角

> 茶席主角是茶具，茶具无言能生境。
> 合理选用符茶性，巧妙搭配有艺术。
> 有陶有瓷质地丰，或圆或方造型多。
> 美而适用为高妙，泡出最佳茶汤味。

铺垫——茶席之衬托

铺垫作用别小看，护器清洁衬主题。
棉麻竹木材质多，灰褐兰黄色彩丰。
材质择取尚自然，单色为上碎花次。
质地款式或色彩，设计意境藏其中。

插花——茶席之鲜活

茶席鲜活因插花，自然灵动之点缀。
茶席插花重意境，根据主题巧设计。
简洁淡雅显精致，清雅绝俗一两支。
自然真实线条美，茶席插花之真谛。

焚香——茶席之飘逸

一缕妙香茶席中，袅袅而升显飘逸。
茶席焚香有原则，一则香味不宜浓，
二则风速不宜强，三则香炉不挡眼。
焚香目的亦有三，净化空气是为一，
领略香味是为二，洁净身心是为三。

挂画——茶席之延伸

茶席延伸是挂画，悬于背景环境中。
挂画又称为挂轴，统指书法和国画。
其他平面装饰品，油画水彩均可展。
茶人思想挂画传，相辅相成显精神。

工艺品——茶席之点睛

茶席之上趣味生，工艺摆件不可少。
席中窥（kuī）美小物什，点睛之笔巧妙配。
质地造型和色彩，相互协调显和谐。
席间旁边与侧位，锦上添花衬主题。

茶点——茶席之生活

茶席生活讲仪式，茶点茶果来点缀。
水果干果和点心，摆设有序需用心。
基本要求记心中，分量适宜味相和。
制作精细样式雅，高雅品味席间现。

茶人——茶席之主导

茶席主导是茶人，巧思创造茶席美。
茶品茶器与茶人，相互交融自然态。
色彩空间光影中，举手投足有风度，
美好寓意寄席间，茶人俭德真善美。

第二节　茶席主题

佳佳，快来，这儿有很多茶席，琳琅满目，让人应接不暇啊！

嗯嗯！真是太好看了！

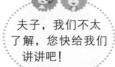

小茶人们，你们知道茶席设计的题材可以从哪几个方面着手吗？

夫子，我们不太了解，您快给我们讲讲吧！

好的！

茶叶，因茶树品种、产地、加工工艺不同而有不同的茶类及其繁多的茶品，每一个茶品带给人们的感受也不同。茶席主题的选择十分广泛，茶品、茶事、茶人是常见的题材，此外，生活中的点滴都是创作茶席的源泉。

儿歌·茶席多彩

茶席设计题材多，茶品茶事和茶人。
色彩时间需考虑，合理美观都重要。
对号入座选搭配，丰富特色有韵味。
爱茶事品茶香，茶道精神记心底。

一、以茶品为题材

茶中红、绿、青、黄、白、黑六大类茶品，使茶具有了丰富的色彩，这些色彩又丰富了茶席，给人带来美的享受。布设绿茶茶席时，浅浅的绿色很适宜，绿色象征着和平、希望、青春，带来了春天的气息。红茶具有"干茶色泽乌黑、汤色红艳明亮、滋味浓强"的特点，给人热烈明快的气息；黑茶总体特点是原料相对成熟，茶人常将其比喻成阅历深厚、平和淡定的智者。因此，雄浑有力的音乐，色彩沉稳、线条明朗的茶席能够体现出黑茶的气魄与底蕴。

武陵红茶茶席设计

君山怀古 情系天下

江华苦茶

二、以茶事为题材

与茶有关的事件，是茶席设计的重要题材。历史上，有许多与茶有关的或特别有影响的茶文化事件，例如，陆羽写《茶经》，唐代煮茶，宋代点茶、斗茶，茶马互市，茶马古道，明太祖"罢造团茶"，供春制壶，康熙（xī）御赐茶名，乾隆钦点御茶树等，都可以作为茶席设计的题材。生活中自己喜爱的茶事，也可以作为茶席设计的题材，例如自己到茶园中采茶制茶、到野外寻访清泉煮茶品茶、学习茶艺、寒夜煮茶待友、与友品茗谈心、煮茶论道、品茗赏月、品茗联诗作对等，都是很好的茶席设计的题材。

三、以茶人为题材

茶人，即爱茶、事茶、对茶有所贡献、以茶的品德为己德之人。如神农，遍尝百草，发现了茶的解毒功能；唐代陆羽，为茶作经，开茶学专著之先河；苏东坡遍访名泉，"独携（xié）天下小团月，来试人间第二泉"，独创"调水符"，并将茶喻为"叶嘉先生"，作千古奇文《叶嘉传》；杜小山"寒夜客来茶当酒"，以茶待客、以茶交友；近现代，毛泽东、周恩来、朱德、鲁迅、老舍、郭沫若、赵朴初等伟人，爱茶，深谙（ān）茶之精神。

四、以生活为题材

生活就是由点点滴滴构成的，如果你能细心体会，生活中的趣事、让人感动的事、有纪念意义的事等等，皆是茶席创作的主题。如，妈妈遇到工作难题了，非常苦恼，妈妈和爸爸或是同事通过探讨，甚至通过一个小小茶会，解决了难题；或是每天晚餐后，一家人坐在茶桌前的温馨时光；或是回到久别的故乡，给爷爷奶奶泡杯茶……这些都是取之不尽的题材。

星星的孩子表爱意

异乡人

给爷爷奶奶泡杯茶

第三节　动手巧布茶席

一、茶席布置三原则

茶席设计的技巧就是将茶席各种元素的摆布与合理配置，让茶、水、器、铺垫、插花、点心等合理安置在"境"中，形成一个完美的茶席。茶席的设计主题确定后，便开始陆续选择相应的茶席元素，设计与布置中应注意以下三个原则。

实用：设计茶席的目的是为了品茶，因此，实用是茶席设计的第一要素。茶是中心，器的主角。用何种茶叶，主泡器、品饮器的选择，茶汤与叶底的呈现，辅器与主泡器的一致性，色彩搭配、形状造型等，都是茶席设计中考虑的核心内容。一般来说，在选择与设计主角时，主要突出其实用的功能，因此它对器具的要求是简约的。由于茶性俭，色彩不能太多。此外，一个完整的茶席，更要考虑主宾的需求，要符合人体力学，尽量让冲泡与品饮时都感觉实用省力、平衡舒适。

　　素雅：茶道崇尚"俭朴、素雅"的精神，强调茶人在品茶中"内省修行"。喝茶能静心、安神，帮助人去除杂念，有利于冷静思考。茶席设计，也要遵循茶道精神的"俭朴、素雅"。茶席布局应简约疏旷，尽量减少茶席上多余的器物、凌乱的色彩、浮夸矫情的配饰等对视觉和内心产生的影响。因为影响视觉的因素越少，茶席就会越安静和简单，茶具和茶的元素就愈会得到彰（zhāng）显，人们才会在茶席上快速地安静下来，感觉与知觉才能变得细微而敏锐。

　　美感：茶席设计要美观、大方。茶席设计需要追求视觉上的美感，讲究茶具、席布、背景、环境、花卉、绿植等颜色的协调搭配，使整个茶席看起来更加美观大方，赏心悦目。茶席设计中的美可以用不同的方式去体现，它不仅仅代表对茶的理解，也代表着对生活的理解。但是无论何种设计，都要注意茶席的形式美、视觉美，要遵循人的行为规律和茶会的约定，遵从简约明净和视觉极简的原则。体现茶人所追求的"自然美、简约美"。

小茶人们,茶席设计没有统一标准,创作空间很大,完全可以根据个人爱好,品茶心性来布置茶席。你们思考一下,对茶席的设计和布置有什么灵感吗? 其实啊,可以从茶的色香味形的感官体验中激发灵感、从茶具选择与组合中捕获灵感、从日常生活中发现灵感、从知识积累中找寻灵感! 实践出真知,让我们一起来动手巧布茶席吧!

二、主题茶席欣赏

▶ 童趣茶席 ——《桃趣》

童年，是一场转瞬即逝的梦，也是历久弥新的回忆。每个人都有一个属于自己的独一无二的童年，但童趣二字是有共性的，人们总会将其与甜蜜、可爱、梦幻、纯真等词联系起来，此次以《桃趣》为主题的茶席，便以甜蜜、可爱为原则，旨在设计出一个适合小朋友在房间里自己泡茶的简洁的茶席。

1. 茶品——绿茶

绿茶，它保持了鲜叶的绿色，保留了最多的茶鲜叶中的物质，是年轻和生命力的象征。它滋味鲜爽，微涩而回甘，正如不知愁味的懵懂孩童，保持着最纯真的初心，带着淡淡的青涩。

2. 茶器——瓷壶

瓷壶外观甜净温润、白如凝脂，壶面绘有桃子图案，颇有几分童趣的色彩。它可以是儿时和玩伴一起摘的桃，也可以是小时候最爱吃的桃子味的糖，都是幸福快乐的童年回忆。

3. 铺　垫

选用米白色桌布和绿色桌旗，简单大方，色彩搭配协调。并且富有春的气息，一派生机勃勃的景象，寓意童年时光里无穷的生命力。

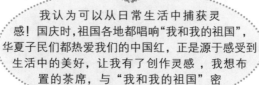

我认为可以从日常生活中捕获灵感！国庆时，祖国各地都唱响"我和我的祖国"，华夏子民们都热爱我们的中国红，正是源于感受到生活中的美好，让我有了创作灵感，我想布置的茶席，与"我和我的祖国"密切相关。

➤ 国庆茶席 ——《国韵芳华》

2019 年是中华人民共和国建国 70 周年，穿越历史烟云，历经风雨洗礼，呈现出繁荣昌盛的局面。五千载峥嵘（zhēng róng）厚重，七十年锐意新光。岁月漫漫，我们与祖国一路行来，共同畅想。以《国韵芳华》为主题的茶席，旨在突出中国的民族文化特色，庆祖国诞辰，忆祖国芳华。

1. 茶品——湖南红茶

湖南工夫红茶，在历史的长河中洗尽铅华。湖南红茶始创于 1854 年，至清同治年间，湖南红茶因其"清香厚味"名传天下，与祁红、建红鼎足而立，同为中国红茶之正宗。但随后战火燎（liáo）原，茶业因此衰落。待太平盛世到来，湖南红茶再度发展起来，1915 年，获巴拿马国际博览会金奖，成为世界顶尖红茶的代表之一。湖南红茶的兴衰与祖国的兴衰紧密相连，它的发展史可以映射出祖国的发展历程，浴火而生，遇水则发，虽经百般历练，却芬芳依旧。

2. 茶器——瓷壶

瓷壶上绘有荷花图纹，古朴典雅，栩栩生动。在中国花文化中，荷花是最有情趣的咏花诗词对象，是中国的传统名花。它具有圣洁高雅的气质，古淡清雅，象征着坚贞、纯洁、无邪、清正，因此被誉为"出淤（yū）泥而不染，濯（zhuó）清涟（lián）而不妖"的"君子之花"。它突出表现了中国的传统文化和君子形象。

3. 铺　垫

选用大红色桌布，搭配黄色桌旗。红色和黄色是中国国旗的色调，更是承载着革命记忆，它能够唤起人们的能量、活力和爱国情怀。

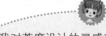
我对茶席设计的灵感来源于四季，春天满园春色、夏天骄阳似火、秋天秋意浓浓、冬天白雪皑皑（ái）！可以运用六大茶类来体现四季，不同茶类配用不同色彩的茶具，不同色彩很好地丰富了茶席。

> **季节茶席 ——《一叶银杏知秋意》**

"山僧不解数甲子，一叶落知天下秋。"（宋·唐庚《文录》）

秋风习习，叶落翩翩（piān），一叶知秋凉，一岁又逢秋。每当秋风吹起，便开启了人间天堂最华丽的乐章，一片片银杏叶由绿转黄，成为秋天里最绚烂的音符。以《一叶银杏知秋意》为主题的茶席，主旨是把一盏香茗，沉淀思绪，洗涤浮沉，远离喧嚣（xuān xiāo），静心养身。

1.茶品——青茶（乌龙茶）

秋天，气候干燥，渐冷，宜饮用一杯温暖的青茶。青茶，属半发酵茶，有"绿叶红镶边"的特征。既有绿茶的清香和天然花香，又有红茶醇厚的滋味，温热适中。具有杀菌消炎、生津止渴、提神醒脑、去油腻等功效。

2. 茶器——侧把陶壶

陶壶为粗陶制品，造型古朴，色泽为哑光，似秋天的花草树木，虽失去了光鲜亮丽的色彩，但另有一番意境，更有秋意，体现着静谧（mì）、沉稳，是茶人们对生活的专注态度。

3. 铺 垫

选用米色桌布，深绿色配黄色桌旗来渲染秋色，用几片金黄的银杏叶点缀，是秋日里那醉人的一抹明媚。

茶席设计可以由许许多多因素构成，茶品、茶具、铺垫、插花、焚香、挂画、相关工艺品、茶点茶果、背景、音乐等。小茶人们不同的灵感差异，在选择茶席布置的元素时就会有所不同，从而表现出不同的文化内涵和思想追求。

寓乐天地——茶香沁心中秋节

我是小小体验官佳佳，通过学习我们了解到，包含了绘画、书法、音乐、插花、焚香等丰富形式的茶席艺术，能够成为情感寄托，承载大家对茶的不同理解，让我们近距离感受茶席，体会茶席艺术的独特魅力。

我是体验官小茗，我们可以充分发挥想象力，把中国传统节日、茶人茶事、名茶传说和茶席设计紧密联系在一起，如果此时正值中秋节，每逢佳节倍思亲，如果是你，会怎样布置一方小小茶席，品茶赏月，与亲人朋友，共同度过一个美好的团圆中秋夜？

中秋节，是中国传统的节日之一。从古至今，无论时代怎么变迁，在中秋时节，人们总会对着天上的明月，观赏拜祭、寄托情怀，这种情怀正是祈盼团圆。让我们动手布一方茶席、沏一杯香茶，与家人或品茗、或赏月，度过一个温暖而有情趣的中秋佳节吧！

中秋月圆，茶香沁心

1.活动主题

中秋月圆，茶香沁心

2.活动内容

赏团圆月、吃团圆饼、
喝团圆茶、度团圆中秋夜

3.活动时间、地点

时间：中秋节（农历八月十五）

地点：悠然茶室

4.活动对象

爸爸、妈妈、小茶人

5.活动要求

（1）小茶人根据活动主题设计茶席，自备茶具、茶品并搭配服饰；

（2）父母穿着茶服或其他中式服装。

6.活动流程

（1）小茶人提前自主布置好自己设计的茶席，为父母冲泡一壶茶；

（2）爸爸介绍中秋历史来源知识和传统习俗；

（3）妈妈和小茶人一起制作月饼；

（4）共同学习茶文化知识，设置趣味有奖问答的互动环节。

儿歌·中秋茶会

月圆合家欢，赏月喝茶庆团圆。

香茗伴月饼，传统节庆承文化。

相见亲情浓，皎皎银辉照万家。

敬奉一杯茶，其乐融融情意长。

小茗和佳佳也受邀参加了此次中秋茶会，根据活动主题，自主设计了茶席。小茗选用紫砂壶冲泡熟普，桌布选用藏蓝色手织布，以星星点缀恰似星空，并身穿黄色茶服。

　　佳佳选用白瓷盖碗冲泡桂花红茶，桌布以浅黄色为底，搭配红色桌旗，并身穿粉色茶服。

第二章
名山名水结茶缘

　　山育水而水养山，山水名人结茶缘。灵山秀水名人赞，高山云雾育好茶。武夷山的大红袍、黄山的毛峰、蒙顶的黄芽、君山的银针、南岳的云雾……名山名水相得益彰，胜景与佳茗名传天下。"雾淡千树茶，云开万壑葱。香飘千里外，味酽（yàn）一杯中"，诗人生花妙笔将胜景与名茶赞美。名山名水吸引爱茶敬茶之人，茶缘因此而结，以文赞之，以歌颂之，以赋和之。

第一节　高山云雾育好茶

　　明代许次纾（shū）《茶疏》中道："天下名山，必产灵草"，只要是谈到好茶，名山大川就一定绕不过。中国的名山众多，有的山巍峨（wēi é）壮观、气象万千；有的山旖旎（yǐ nǐ）秀丽、千姿百态。无论是何种风光，名山多饱含云雾之气，烟波缭绕。

儿歌·高山云雾出好茶

巍峨高山仰头望，白云飘飘缠半腰。
茶树生长喜湿润，适宜温度和土壤。
物质积累有保障，茶叶生长更健康。
高山云雾出好茶，香高味浓韵味长。

小茶人们，你们了解中国的名茶吗？

夫子，我听过碧螺春、黄山毛峰、铁观音。

我知道有大红袍、君山银针、西湖龙井。

那你们知道这些茶都产自哪里吗？

嗯，不是很了解，西湖龙井是产自西湖吗？

答对了一半哦，龙井产于浙江省杭州市西湖龙井村周围的群山之中，因此得名西湖龙井。

那大红袍呢？

大红袍属于武夷岩茶，产自福建的武夷山。

奇山丽水育佳茗

名山海拔高，云雾常缭绕。植被覆盖多，生态环境好。
土壤养分足，生长发育好。山高温度低，空气湿度大。
茶树生长慢，鲜嫩不粗老。雨量光照足，物质积累多。
生态环境优，鲜叶品质好。绿色防控妙，害虫无处躲。
名山风景好，儒释道居久。青叶采摘后，制作工艺精。
慕名而来者，不知有几多。赠饮天下人，美名九州播。

原来名山产名茶不仅是因为优越的生态环境生产出了好品质的鲜叶，还因为有精细的加工工艺呀。

是呀，那夫子您可以给我们讲讲其他的名山名茶吗？

当然可以。

一、黄 山

黄山在安徽（huī）省南部黄山市内，由 72 座山峰组成，主峰莲花峰海拔高达 1864m，因为黄山山上的石头颜色为青黑色，所以取名为"黟（yī）山"。后来，传说轩辕（xuān yuán）黄帝曾在此炼丹，取黄帝的"黄"字，因此改名为"黄山"。黄山代表景观有"四绝三瀑"，四绝分别为：奇松、怪石、云海、温泉，三瀑分别为：人字瀑、百丈泉、九龙瀑。黄山迎客松是安徽人民热情友好的象征，承载着拥抱世界的东方礼仪文化。

黄山云雾缥缈（miǎo）适合茶树生长，产茶历史悠久。除了具备一般茶区的气候湿润、土壤松软、排水通畅等自然条件外，黄山还兼有山高谷深，溪多泉清，岩峭坡陡、林木葱茏可以遮挡日光等特点，山上长了许多兰花，采茶之时，正值兰花盛开，在花香的熏（xūn）染下，黄山茶格外清香，独具风味。其中最著名的是中国十大名茶之一的黄山毛峰，由清代光绪年间谢裕泰茶庄创制。

黄山毛峰选用了肥壮的嫩芽进行手工炒制，制作好的干茶白毫披身，芽尖似峰，取名"毛峰"，后冠以地名为"黄山毛峰"。特级黄山毛峰形似雀舌，白毫显露，色似象牙，鱼叶金黄。冲泡后，汤色清澈，滋味鲜浓、醇厚、甘甜，叶底嫩黄，肥壮成朵。其中"鱼叶金黄"和"色似象牙"是特级黄山毛峰外形的两大明显特征。

君 山

君山岛，以前也叫做洞庭山、湘山，在湖南省岳阳市内，是洞庭湖中的一个小岛，与千古名楼岳阳楼遥遥相对。君山岛四面环水，峰峦叠翠，竹木苍翠，空气新鲜，风景如画。因为君山岛在浩浩荡荡的洞庭烟波之中，远看如船帆，近看似青螺，唐代诗人刘禹锡用"遥望洞庭山水翠，白银盘里一青螺"来描绘它的景色。

君山，有"洞庭茶岛"之称，君山银针是中国名茶之一。君山产茶，始于唐代，称为㴩（yōng）湖含膏，相传文成公主入藏时，嫁妆中就有㴩湖茶。宋代明代称岳州黄翎（líng）毛、含膏冷。同治《巴陵县志》记载："邑茶盛称于唐，始贡于五代马殷（yīn），旧传产㴩湖诸山，今则推君山矣。然君山所产无多，正贡之外，山僧所货贡余茶，间以北港茶掺之。北港地背平冈，出茶颇多，味甘香，亦胜他处。""君

山贡茶，自国朝乾隆四十六年（1781 年）始，每岁贡十八斤 (9kg)。谷雨前，知县遣人监山僧采制一旗一枪，白毛茸然，俗呼白毛尖。"清代已有君山茶的命名。君山银针是由君山白毫演变而来，1954 年"君山白毫"首次参加"莱比锡"国际博览会，获金质奖章，被誉为"金镶玉"，更名为君山银针。1956 年，君山银针再次出国展览，从而名气大增。

制作君山银针的原料全是清明前的茶树芽头，每千克干茶大约 5 万个芽头。而鲜叶采摘时每个要求芽长 25 ～ 30mm，宽 3 ～ 4mm，留叶柄长约 2mm，同时要求"九不采"的采摘标准，即：雨天不采、露水不采、紫色芽不采、空心芽不采、开口芽不采、风伤芽不采、虫伤芽不采、瘦弱芽不采、过长过短芽不采。一般于清明前 7 天左右开采，最迟不超过清明后 10 天。

君山银针为黄茶制法，经杀青、摊凉、初烘、初包、复烘、摊凉、复包、干燥等工序，历时 72h 制成。成品君山银针茶，外形芽壮多毫，条直匀齐，着淡黄色茸毫，冲泡时汤色杏黄澄亮，香气清高，味醇甘爽，叶底明亮。

二 | 武夷山

武夷山在中国福建省西北部的武夷山市内，有"碧水丹山""奇秀甲东南"的美誉。武夷山风景秀丽、历史悠久，文化与自然交相辉映，是世界自然文化遗产，有古闽（mǐn）文化、茶道文化、朱子文化、柳永文化、彭祖养生文化、红色文化等特色文化资源，儒释道三教同山。此外，还有武夷岩茶制作技艺、茶百戏、遇林亭黑釉（yòu）描金盏等十余项非物质文化遗产传承技艺。

青山绿水孕育了知名的武夷岩茶和正山小种。武夷岩茶几乎都生长在岩壑（hè）幽涧之中，谷中冬暖夏凉，雨量充沛，土壤由酸性岩石风化后形成，因此孕育出岩茶独特韵味。武夷山地质属于典型的丹霞地貌，多悬崖绝壁，茶农利用石隙、石缝，沿着石头的边缘种茶，因此称为岩茶。岩茶外形是肥硕的条索状，颜色乌褐，闻起来有花、果香，典型的香气有兰花香、水蜜桃香、桂皮香、奶香等；滋味醇厚，有"岩韵"，叶底的边缘为红色或叶中有红点，称之为"绿叶红镶边"，是中国名茶之一。

　　2006年，武夷岩茶（大红袍）传统制作技艺被列入首批国家非物质文化遗产保护名单，入选"传统手工技艺"项目，成为首批唯一的茶类国家级非物质文化遗产。

　　武夷山的桐木关还是世界红茶的鼻祖——正山小种的发源地。16世纪末17世纪初（约1604年），正山小种被远传海外，由荷兰商人带入欧洲，随即风靡（mǐ）英国皇室乃至整个欧洲，并掀起流传至今的"下午茶"风尚。自此正山小种红茶在欧洲历史上成为中国红茶的象征，成为世界名茶。"正山小种"红茶一词在欧洲最早称WUYI BOHEA，其中WUYI是武夷的谐音；在欧洲（英国）他是中国茶的象征，后因贸易繁荣，当地人为区别其他假冒的小种红茶扰乱市场，故取名为"正山小种"，后来在正山小种的基础上发展了工夫红茶。

传统的正山小种采用当地马尾松熏制而成，外形条索肥实，色泽青带褐，较油润，泡水后汤色红浓，香气高长带松烟香，滋味醇厚，带有桂圆汤味，加入牛奶茶香味不减，形成糖浆状奶茶，液色更为绚丽。"松烟香，桂圆汤"是对正山小种品质的形象描述。当前，小种红茶分烟种和无烟种，以在制作工艺上是否有用松针或松柴熏制而成为区分依据：有用松针或松柴熏制的称为"烟正山小种"；没有用松针或松柴熏制的，则称为"无烟正山小种"。

四）太姥山

太姥（mǔ）山，位于福建省东北部。狭义的太姥山系指福鼎市南部秦屿（yǔ）镇以覆（fù）鼎峰为中心的山地，也是太姥山风景名胜区的核心地带，在福鼎市正南距市区45km，约在东经120°与北纬27°的附近。挺立于东海之滨，三面临海，一面背山，主峰海拔917.3m。广义的太姥山，则指展布于宁德市东北部交溪以东－东海之间的一系列山地，或称太姥山脉。

相传尧时老母种蓝（蓝草，其汁色蓝，榨之以染布帛）于山中，逢道士而羽化仙去，故名"太母"，后又改称"太姥"。传说东海诸仙常年聚会于此，故有"海上仙都"的美誉。武夷、太姥、雁荡，构成闽越三大名山。

太姥山为交溪与福鼎、霞浦（pǔ）两县所有独流入海的溪流的分水岭。该山脉山体主要由中生代火山岩、花岗岩构成。山体蕴藏的矿产主要有铅、锌、银、镉、明矾石、石英岩、高岭土、玄武岩等。森林覆盖率达46%以上。太姥山区四季分明，具有海洋性季风气候特点，雨量丰沛，气候湿润，干湿季明显。

唐代陆羽著的《茶经》引用隋代的《永嘉图经》："永嘉县东三百里有白茶山。"据陈椽（chuán）、张天福等茶业专家考证，白茶山就是太姥山。太姥山区植茶始自唐代，由零星栽培发展为大面积生产。柘（zhè）荣县的茶园一般多分布在海拔400～800m的低山地带，而福鼎、福安、霞浦等沿海县的茶园则多分布在100～400m的低海拔地带。

明代，"环长溪百里诸山，皆产茶"，茶园几乎随处可见。清咸丰、同治年间（1851 ～ 1874 年），随着口岸开放，茶叶生产、外销增多，茶园遍布各县。明末清初周亮工莅（lì）临太姥山，为福鼎大白茶母茶树题诗"太姥山高绿雪芽，洞天新泛海天槎（chá）。茗禅过岭全平等，义酒还教伴义茶"，现鸿雪洞中留有摩崖石刻。

1937 年，抗日战争爆发，港口被日军封锁，茶叶出口受阻，茶市消沉，茶叶加工场倒闭，茶园大面积抛荒，茶园总面积大大缩减。中华人民共和国成立后，茶叶生产发展迅速，人民政府鼓励农民开垦茶园，发展茶叶生产。

五 | 安化云台山

湖南省云台山坐落安化县马路镇驻地西方，北方是天台山区域。这里是雪峰山北段腹地，海拔 998.17m，气候宜人，适合四季游玩。云台山风景区有"高山之台"和"高山上的平原"美称，云台山风光旖旎（yǐ nǐ），气候宜人，好似"世外桃源"。

安化云台山风景区下的龙泉洞形成于两亿多年以前，是古生界石炭系灰岩经水溶蚀冲刷而成，洞中的"龙泉飞瀑""绝世鹅管"为世界之罕见、国内独有。

云台山风景区的云上茶园是"中国最美三十座茶园"之一，由喀斯特地貌土层与火山岩质土层组成，因其奇特的地形地貌衍生出独特的云台山大叶茶种，是茶叶生产经营，生态旅游度假，文化休闲体验为一体的4A级茶旅文化生态公园。

云台山大叶茶及其近缘种均有较大而美丽的花瓣，雄蕊多数，株型美观，具有生长势强、发芽期早、采摘期长、芽叶肥壮、内含物丰富、茶多酚含量较高等特点，是加工普洱茶的优质原料。

"佛地茶山山出宝，云台大叶叶藏金"，云台山大叶茶是国内最为优良的茶叶品种之一，品种纯度较高、适应性广、抗逆性强、持嫩度高，有机物含量丰富，是制安化黑茶最为上等的原料，享有"茶叶之母"之美誉。

安化黑茶属黑茶类，是六大茶系之一，也是中国的特有茶类，因产自中国湖南益阳市安化县而得名。安化黑茶采用安化境内山区种植的大叶种茶叶，经过杀青、揉捻、渥（wò）堆、烘焙干燥等工艺加工制成黑毛茶，并以其为原料精制（包括人工后发酵和自然陈化）成安化黑茶系列产品。成品干茶色泽乌黑油润，汤色橙黄，香气纯正，有的略带独特的松烟香，滋味醇和或微涩，耐冲泡。安化黑茶主要品种有"三尖""三砖""一卷"。三尖茶又称为湘尖茶，指天尖、贡尖、生尖；"三砖"指茯砖、黑砖和花砖；"一卷"是指花卷茶，现在是千两茶系列的统称。

儿歌·名茶与名山

名山养育出名茶，美美与共佳话长。
莲花峰顶看黄山，清泉深谷育毛峰。
洞庭湖中君山岛，如画风景养银针。
武夷奇秀甲东南，碧水丹山孕岩茶。
看遍茶山风景秀，深知名山出好茶。

名山有故事，名茶也有故事。名山产名茶，好想尝尝这些名茶呀。

是呀，希望有一天，我们也可以亲自到这些名山赏风景，去品尝各地的特色茶。

会有机会的，小茶人们，学茶之路漫漫，读万卷书，不如行万里路，将来一定要去领略祖国大好河山之美。

第二节 名泉灵水蕴茶香

小茗佳佳，你们知道泡茶用水有什么讲究吗？

我知道平常见到的水有自来水、矿泉水、纯净水，但是用它们泡茶有什么区别吗？

是呀，夫子，会有区别吗？

放在你们面前的两个杯子里的茶，就是用不同的水泡的，想知道有什么不同的话，可以自己尝一尝比较一下。

果然不一样，这一杯要更甜一些。

夫子，为什么会不一样呢？明明是一样的茶呀。

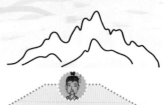

中国人泡茶可有讲究了，让我们一起来学习一下吧。

中国人在泡茶上是非常讲究的，"从来名士能评水"，论茶首要之事要懂得评水。明代张大复在《梅花草堂笔谈》中讲道："茶性必发于水，八分之茶，遇十分之水，茶亦十分矣；八分之水，试十分之茶，茶只八分耳。"在泡茶时，茶融于水中，才能显现出它的味道，好茶需要好水来泡，才能充分展现它的色香味。

这也就是为什么同样的一泡茶，不同的水泡，会有不同的口感。

原来是这样，那古人都是用什么水泡茶呢，我看电视上说他们会采集雪水来泡茶呢。

还有泉水！但是有很多不同的泉水，它们泡出来的茶的味道都是不一样的吗？

中国地大物博，有名山必有名茶，有名茶必有名泉，用当地的名泉泡当地的名茶，茶香中也氤氲（yīn yūn）着当地的风情。让我们先来了解一下历代名泉，感受中国人对泡茶择水的认知。

儿歌·名泉蕴茶香

从来名士能评水，自古高僧爱斗茶。
泡茶用水有讲究，茶水相融出真味。
水好泡茶味更佳，水劣试茶味减分。
九州天下名泉多，蕴蓄佳茗高长香。

一、茶圣心中第一泉——庐山康王谷谷帘泉

江西庐山康王谷谷帘泉，被陆羽誉为天下第一泉。谷帘泉发源于大汉阳峰，经过枕石崖时喷洒散飞，形成瀑布，约170m高，如同一幅玉帘悬在山中。

据唐代张又新《煎茶水记》一书的记录，谷帘泉是陆羽评定的"天下第一泉"，此后，谷帘泉名扬四海，历代文人墨客接踵（zhǒng）而至，纷纷品水题字。

二、扬子江心第一泉——镇江中泠泉

中泠（líng）泉，意思是大江中心处的一股清冷的泉水。唐代时，中泠泉在长江的漩涡（xuán wō）中，水势汹涌，取水非常困难。到了清朝末期，长江泥沙淤（yū）积，中泠泉

变成了陆地泉。今天的中泠泉水汇集在金山寺以西一座绿树掩映的小楼与一个双层八角亭之间，长方形的石池由大石块砌（qì）成，四周有石栏，池内的石壁上刻着"天下第一泉"。

三、乾隆御赐第一泉——北京玉泉山玉泉

玉泉在颐和园以西的玉泉山南部，它的涌水量稳定，从不干涸，而且水质"水清而碧，澄洁似玉"，所以称为玉泉。从明代永乐皇帝迁都到北京以后，玉泉就被定为宫廷饮用水水源地，一直到清代。乾隆皇帝曾经用银斗称水来衡量水的轻重，认为水越轻越好，北京玉泉水最轻，名列第一。即使用当今的水质检测方法对玉泉水进行分析鉴定，结果也表明玉泉水确实是一种极为理想的饮用水源。

四、大明湖畔第一泉——济南趵突泉

趵（bào）突泉为济南七十二泉之首，在济南市旧城区的西南。从趵突两个字可以知道泉水瀑流跳跃如趵突，趵突泉实际上并不是一眼泉，它有 3 个大型泉眼昼夜涌水不

息，浪花四溅，景色非常壮观。趵突泉得名"天下第一泉"，相传也是乾隆皇帝赐封的。当时，乾隆皇帝巡行江南，途经济南时，亲尝趵突泉，觉得比玉泉水还要清冽甘美，于是从济南启程南行，沿途便用趵突泉的水作为饮用水。

五、峨眉"神水"第一泉——峨眉山玉液泉

玉液泉在峨眉山大峨寺旁的神水阁前，四周的风光清幽深秀。古人认为这口泉水不同寻常，所以把它称为神水。1000多年来，玉液泉从未干涸，泉水清澈明亮，光可照人，夏天用手捧一掬（jū）喝下去，凉气直透肌骨，如饮玉液琼浆。神水盛名传播四海，来到峨眉山烧香拜佛的人，非要喝到玉液泉水不可。

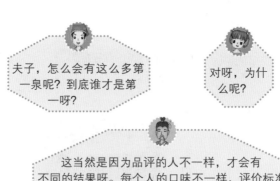

夫子，怎么会有这么多第一泉呢？到底谁才是第一呀？

对呀，为什么呢？

这当然是因为品评的人不一样，才会有不同的结果呀。每个人的口味不一样，评价标准也有不同，他们认为的第一也不一样呀。但不论是哪个第一泉，它们的共同特点都是清澈、洁净。小茶人，明白了吗？

第三节　因茶结缘爱茶人

小茗，佳佳，你们知道陆羽是谁吗？

茶叶博物馆陆羽像

夫子，我知道他是茶圣哦。

世界上第一部茶书《茶经》就是茶圣陆羽的佳作。

看来两位小茶人都对陆羽很感兴趣呢，我们来仔细了解一下他吧。

一、陆 羽

陆羽（733～804年），字鸿渐，复州竟陵（今湖北省天门市）人，唐代著名的茶专家，被后世尊为"茶圣"。陆羽一生爱茶，精通茶道，他所写的《茶经》是世界上第一部有关于茶的专著。陆羽幼时是一个弃婴，被僧人积公收养在寺庙中长大。积公用《易经》卜卦（bǔ guà）为他取名，于是按卦词给他取名为陆羽。

陆羽在黄卷青灯中学会认字、诵经，还学会煮茶等事务。天宝十三年（公元754年）陆羽为考察茶事，来到了巴山峡川。一路之上，他每到一座山就下马采茶，碰到一口泉就去取水，收获很多。唐肃宗乾元元年（公元758年），陆羽来到升州（今江苏南京），暂住在栖霞寺，钻研茶事，一年后到丹阳考察。唐上元元年（公元760年），陆羽从栖霞山到苕（tiáo）溪（今浙江吴兴），隐居山间，闭门写作《茶经》。期间常身披纱巾短褐，脚穿藤鞋，独自行走在山野中，采茶觅泉，评茶品水。唐代宗曾给陆羽官职，希望他能出山做官，但陆羽都未就职。陆羽一生鄙夷（bǐ yí）名利之徒，酷爱自然，坚持正义。

《全唐诗》中有陆羽的一首诗《六羡歌》[①]，正体现了他的品质：

不羡黄金罍②，不羡白玉杯③，
不羡朝入省④，不羡暮登台⑤；
千羡万羡西江水⑥，曾向竟陵⑦城下来。

注：

① 《六羡歌》：这是一首茶圣陆羽的经典茶诗作品，全文只有34个字，简明扼要，反映出他对人生处世的态度，可以说是陆羽人生处世品质的总结。羡，xiàn，羡慕，因喜爱而希望得到。

② 黄金罍：罍，léi，古代一种盛酒的容器，小口、广肩、深腹、圈足、有盖，多用青铜或陶制成。

③ 白玉杯：白玉材质的酒杯。

④ 朝入省：朝是多音多义字，一读zhāo，早晨；二读cháo，朝廷，君主接受朝见和处理政事的地方。"朝"在这里读zhāo，指早晨，也喻指年青时。省，shěng，诗中指从政做官之意。

⑤ 暮登台：暮，傍晚，太阳落山的时候，诗中指人到晚年。台，古代中央官署名，汉代尚书台在宫禁之中。

⑥ 西江水：水名，陆羽故乡的河流名称。

⑦ 竟陵：古代地名，湖北天门。

原来陆羽写出《茶经》的过程如此艰难呀，我们更应该好好学习前辈留传下来的宝贵诗篇呀。

陆羽为了写书去了这么多地方，这就叫读万卷书，行万里路吧！

从来没有不付出就能获得的成功，你们想要学有所成，就得努力，不怕艰辛。

诗句的大致意思是：不羡慕黄金做的酒器，不羡慕白玉做的酒杯，不羡慕入朝为官，不羡慕富贵名利，只羡慕故乡的西江水，流向竟陵城边。《六羡歌》原文写了6个"羡"字，其中4个"不羡"，一个"千羡"和一个"万羡"。由此不难看出陆羽爱憎分明，喜爱什么，不爱什么，反映出他对人生处世的态度，可以说是陆羽人生处世品质的总结。

二、苏 轼

苏轼，1037～1101年，字子瞻（zhān），号东坡居士，眉山（今四川眉山县）人。北宋著名文学家、书画家，更是中国杰出的唐宋八大家之一。对品茶、烹茶、茶史等都有较深的研究，在他的诗文中，有很多烩炙（kuài zhì）人口的咏茶佳作，流传下来。苏轼一生因任职或遭贬谪（biǎn zhé），到过很多地方，每到一处，只要有名茶佳泉，他都留下了诗词。苏轼十分爱喝茶，茶是他生活中不可或缺之物。

他夜晚办事要喝茶："簿书鞭扑昼填委，煮茗烧栗宜宵征"（《次韵僧潜见赠》）；创作诗文要喝茶："皓（hào）色生瓯面，堪称雪见羞；东坡调诗腹，今夜睡应休"（《赠包静安先生茶二首》）；

睡前睡起也要喝茶："沐罢巾冠快晚凉，睡余齿颊带茶香"（《留别金山宝觉圆通二长老》）。

原来苏轼这么爱喝茶呀！

是呀！茶是苏轼生活中不可或缺之物。他如果白天要处理各种文书，忙得要死，下班了就会煮煮茶烧烧栗、出去游玩一番；如果写不出诗文、犯瞌睡了，就会喝一杯茶，以助诗意、战睡魔；每天起床、入睡都要喝一杯茶，甚至梦中都少不了茶香的陪伴。无论境遇如何，只要有茶相伴，他总是能够乐观豁达，自娱自乐。

我们也要好好学习，丰富内在，努力成为像苏轼一样乐观、杰出的人。

是呀，只有好好学习，不断积累知识，充实自己的大脑，你们才能成为一个内外兼修的人。

二、唐寅

这位是明代的大才子唐寅（yín），但是他还拥有一个更为人熟知的名字叫唐伯虎。

是唐伯虎点秋香的唐伯虎吗？

没错，唐伯虎有很多与茶有关的趣事呢，听我慢慢道来。

　　唐寅（1470～1524年），字伯虎，小字子畏，号六如居士，南直隶（lì）苏州府吴县（今江苏省苏州市）人，祖籍凉州晋昌郡。明朝著名书法家、画家、诗人。

　　唐寅一生爱茶，与茶结下不解之缘，写过很多茶诗，画了《琴士图》《品茶图》《事茗图》等茶画，在诗画上造诣（yì）很高。唐伯虎还经常和友人一起联句，据《吴门四才子佳话》记载，唐伯虎、祝枝山、文徵（zhēng）明、周文宾四人一日结伴同游，酒足饭饱之后，昏昏欲睡。唐伯虎说："久闻泰顺茶叶乃茶中上品，何不沏上四碗，借以提神。"老板奉上香茶，祝枝山说："品茗岂可无诗？今以品茗为题，各吟一句，联成一绝。"

　　于是四人各作诗一句：

午后昏然人欲眠，　（唐伯虎）

清茶一口正香甜。　（祝枝山）

茶余或可添诗兴，　（文徵明）

好向君前唱一篇。　（周文宾）

泰顺茶庄的老板对这首诗赞不绝口，祝枝山建议把诗送给老板，茶庄老板让伙计取来 4 种茶叶，分送 4 人，这也流传为一段佳话。

出口成章，唐寅和他的小伙伴们果然都是大才子，太厉害了！

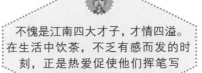

不愧是江南四大才子，才情四溢。在生活中饮茶，不乏有感而发的时刻，正是热爱促使他们挥笔写下优美诗篇。

四、乾隆

乾隆（1711～1799 年），清代一位注重文化、有所作为的皇帝。他一生非常爱茶，在位 60 多年，曾经六次到杭州，四次亲临西湖茶区。乾隆是品茗行家，对名茶、水质、茶具都非常有研究。

根据徐珂《清稗（bài）类钞》记载，乾隆皇帝曾经用银斗称水来衡量水的轻重，水越轻越好，北京玉泉水最轻，名列第一，并为此写了《玉泉山天下第一泉记》。

乾隆下江南，路过杭州龙井狮峰山，亲自采茶制茶，突然接到急报说太后有病，顺手把茶叶装了一下带回去了，这狮峰龙井就被带到

了太后面前，喝了这龙井之后，太后身体好了，后来便经常喝龙井，乾隆皇帝见太后高兴，就将杭州龙井狮峰山下胡公庙前的十八棵茶树封为御茶，每年采摘制作后专门进贡太后。今天，十八棵御茶树仍在杭州，成为人们参观的一个景点。乾隆后又来到福建，在崇安品尝乌龙茶"大红袍"，最开始嫌弃这个名字不雅，听说了这个名字的由来后就开心地为大红袍茶树写了一个匾（biǎn）。乾隆在福建安溪，品尝了当地的茶叶后，又亲自赐名为"铁观音"。

此外，扣指礼，就是在主人敬茶或给茶杯中续水时，客人以中指和食指在桌上轻轻点几下，以示谢意，相传也源于乾隆下江南的故事。乾隆帝在苏州时，一天与几位侍从微服私访，到了一个茶馆的时候，看到茶博士拿长嘴壶倒水，他觉得十分有趣，他就拿起茶壶为侍从们倒起茶来。侍从们担心行跪拜之礼会暴露了皇上身份，不下跪又违反了宫中礼节。这时，一位侍从灵机一动，伸出手来弯曲中指和食指，朝皇上轻叩几下，仿佛双膝下跪，叩谢圣恩，乾隆看到感到非常欣慰，这一茶礼也流传到现在。

乾隆皇帝爱茶至深，称"君不可一日无茶"。他在位 60 年，活了 88 岁，是有名的长寿皇帝，这跟他爱喝茶分不开呀。

哇，乾隆皇帝跟茶的故事好多呀，好多茶都因为他成为了名茶呢。

是呀，他对当时的茶叶发展也是有很大贡献的。

五、陶澍

陶澍（shù）（1778～1839年），字子霖，号云汀，清长沙府安化县人。清嘉庆七年（1802年）进士，这年四月二十一日他参加保和殿策试，最令陶澍受到感动的是，他尝到了内府新茶。他在《保和殿策试恭记》一诗中写道：内府新茶次第分，阶前五色绕仙云。草茅十载书生事，三策天人答圣君。

从此，陶澍便钟爱于茶，品茶成为他为官之余的一大嗜（shì）好。陶澍历任国史馆纂（zuǎn）修、四川乡试副考官、翰（hàn）林、詹（zhān）事、御史、户部给事中、吏部掌印给事中、川东兵备道、安徽布政使、安徽巡抚、江苏巡抚、两江总督（dū）加太子少保兼管盐政，是清代嘉道年间最著名的政治家、改革家、思想家和诗人。

陶澍的父亲是岳麓（lù）书院学生。陶澍从小随父读书，也深受岳麓传统学风的影响，为学以程朱为宗，好谈义理，但又注重经世，倡言"通经学古而诸致用""研经究史为致用之具"。在巡抚、总督任上，陶澍将自己一贯强调的"有实学斯有实行，斯有实用"的主张付之实践。他大力整顿吏治，兴修水利，整治河工，主禁鸦片，倡导文教，改革盐政漕（cáo）运，推行银本位制，经世功绩卓越，成为一代名臣。陶澍位高名重，是当时湖南经世派的领袖与核心。湖南近代人才辈出，陶澍称得上是肇（zhào）始第一人，难怪后来臧否（zāng pǐ）人物十分苛刻的张佩纶，也赞其为"黄河之昆仑，大江之岷山"，意即陶澍是近代湖南人才群的源头。

陶澍生长于全国三大产茶县之一的著名茶乡安化县。安化产茶历史悠久，名茶迭出，历代曾被列为贡品的就有渠（qú）江薄片、芙蓉青茶、云台云雾等。陶澍出生在资水河边的小淹，从小就是采茶能手，每到采茶时节，黎明即起，背筐挎篓（lǒu）结伴上山采茶。他的《芙蓉江竹枝词》对此有生动的记载：

《芙蓉江竹枝词》

清·陶澍

才交①谷雨见旗枪②，安排火坑打包箱，
芙蓉山③顶多女伴④，采得仙茶带露香⑤。
身背竹篓上山岗，白云深处歌声昂，
十指尖尖采茶叶，笑语阵阵比情郎⑥。

注：
① 才交：刚到。
② 旗枪：形容鲜嫩的茶芽。
③ 芙蓉山：安化县境内，主峰1472m，高山云雾缭绕是安化出好茶的产地之一。
④ 女伴：采茶的女性。
⑤ 露香：新鲜茶叶的清香鲜爽之气。
⑥ 笑语阵阵比情郎：采茶女的欢乐场景。

陶澍生在茶乡，喝着家乡的茶走向全国，自是恋恋不忘家乡茶和茶人之辛苦，因此就有意为之推广。陶澍的诗，或感时纪事、咏史怀古，或言志抒怀、唱和酬（chóu）答，都显现出他的感情朴实、器识宏远、思力深厚，具有一种既豪迈又平实的风格。林则徐赞之"直以雄才凌屈宋，还将余事压曹刘"。

《长沙竹枝词》

清·陶澍

霏（fēi）霏谷雨满江乡，君山顶上露旗枪。
唤个相于采茶去，湘妃祠下默烧香。

嘉庆二十年（1815 年）春节，他邀请在京的"消闲诗社"诸好友到自己家里畅饮安化茶，并率先吟诵了《印心石屋试安化茶成诗四首》以助茶兴。组诗详细介绍了安化毛尖茶，尤其是边销黑茶"茶品喜轻新，安茶独严冷。古光郁深黑，入口殊生梗。有如汲黯戆（àn gàng），大似宽饶（ráo）猛"的特点，以及产茶的历史、茶农生计的艰辛、安化茶与其他茶的异同，字里行间洋溢着浓浓的乡情爱意，也是安化茶史的珍贵资料。由于作者情真意切，又渗透着一种"哀民生之多艰"的爱民情怀，因此感染力极强，和诗纷纷，安化茶从此誉满京城，进一步销售到西北以外的全国许多地方，直至日、德、蒙、俄、朝和东南亚诸国。

六丨林清玄

林清玄（1953～2019 年），中国台湾省高雄人，我国当代著名作家、散文家、诗人、学者。林清玄是一个爱茶成痴的人，为了找茶，林清玄去过成都 4 次，他曾因为读到书中讲述的故事而下定决心去青城山，找寻传说中的茶味。他到过蒙顶山，找到了永兴禅寺，那里有很多和尚，喝了他们的每年只做 15kg 的蒙顶甘露，觉得不虚此行，便带了 1kg 下山，下山后非常后悔当时没把所有的茶都买下来。

每到产茶的季节，林清玄开着车到台湾几个著名的茶区买茶，只要有好的茶就全部买下来。所以，他的家里的 3 个冰柜里装满了茶，供他随时饮用。

林清玄说："可以把人生的每个阶段譬喻（pì yù）为各色各种的茶。"

少年时期	青年时期	而立之年
十几岁的人性初显露时段，在欢愉之余初识到愁的滋味，成长的岁月有了些许的烦恼，懵懂中呈现淡淡的青涩味。	二十岁左右也是人生的一段如火如荼季节，情怀初开，至真至纯，滋味鲜凉而气色清香。所谓的初生牛犊不怕虎，充沛的精力，初涉社会的冲劲与动力，激烈且纯真。	到了三十岁，事业与家庭初有端倪（ní），逐渐懂得了怎么样去打拼事业，如何去创造生活。诚如人生的黄金岁月的年龄，品尝到了清苦的茶味，阅历人生其实是一种去粗取精过程，除去了浮躁又保持了香味。
一杯柠檬茶，酸甜适口含着清香。	宛如雨花茶，散发出浓郁的馨香、让人爽心悦目，又含有茶所蕴藏的苦涩味道。	就像碧螺春，青翠澄明、可闻香、观色、品评，浓郁甘醇，鲜爽宜人，回味绵长，给人轻快、柔美之感。
不惑之年	知天命时	花甲之年
四十岁的阶段，捱过了人生的许多坎坷，趋向成熟的年龄。劳作中呈现出完美，成熟中体现了坚韧，言行中涌现出高贵。	步入五十岁的人生则人生季节逐渐进入了淡泊阶段，历经了岁月磨练，开始磨练岁月。而那酽（yàn）酽的茶已构成心中的一幅风景名画。	进入了六十岁以后的年龄，人生如茶，经过岁月的流逝净化，如同一首经典老歌的旋律让人久久不能忘怀，但留下都是沉淀了的淡然。
似西湖龙井茶，滋味甘鲜醇和，香气幽雅清高，汤色碧绿清莹，缭绕回转中归于简单，似翡翠玉片一样光辉明丽，能给人以质朴、端庄，亲近于人的感觉。	像乌龙茶，既有红茶浓郁味，又有绿茶的芬香，品尝后齿颊留香，滋味纯浓，顿觉满口生津，回味甘醇。诚如此年龄已经事过千万，不需过分显露，真情自然涌出，成了收藏时间和珍惜情感的茶客。	如银针白毫抑或寿眉茶，聚众茶的甘香浓郁于一体。饱尝岁月风霜雨雪，收日月之精华，经自然调和，滋味浓厚。

人生如茶，可以浓烈亦可淡雅，等到夕阳迤俪（yǐ lì）余辉映照之时，举杯品茗人生这杯茶，清冽（liè）香醇，虽稍觉茶韵清苦，细细回味之中却有着不尽的甘甜。人生若得此意境，夫复何求？捧着、观着、品着会让人感觉到在这淡泊中，浸润了几分恬静。天籁（lài）中，飘来几分芳馨，似乎生命也随之摆脱了虚荣与浮躁，走向超然的极致。啜一口清茶，等待心中的渴望和来自遥远的感应，等待人生又一个漂流，等待生命的绿阴释放。如茶色清澈的思绪似泻银般朦胧的月光，在无垠（yín）的夜间缓缓洒下，浸入至我心深处。感觉这杯子里面浸泡的茶叶，亦如我看似简单的人生，其间在这浅浅的平淡里，已经储存了多少的期盼与坎坷。

手捧一杯茶，品茗其中的滋味。面对着这样一份不落喧嚣的幽静，心也如茶汤般渐渐地清澄起来。林清玄先生的文字太美了，令人心动。

我喜欢林清玄先生的"趣言能适意，茶品可清心"。

是啊，正如他所说，茶的品尝，引人思索，人生的滋味尽显于茶，品尝茶亦是对人生的体味感悟。茶如人生，人生如茶。我们今天学习的这些爱茶人，每一个都是为茶读万卷书行万里路，精益求精，倾心于茶。值得我们学习与钦佩。

儿歌·因茶结缘爱茶人

自古茶人情趣高，访名山，试名泉，寻好茶。

茶圣陆羽谱《茶经》，爱自然，弃权贵，潜心茶。

名家苏轼研茶事，咏茶诗，爱茶词，广流传。

才子唐寅性悠然，品佳茗，共吟诗，联成绝。

更有乾隆斗（dǒu）量水，赐茶名，国事重，难弃茶。

文人清玄赴青城，居蒙顶，饮甘露，储好茶。

寓乐天地——小茶人游学记

我是小小体验官佳佳，我们在画中景中故事里，体验到了茶山秀美，流水潺潺（chán），我们还从爱茶人的茶书、茶词、茶联、茶文中，感受到他们对茶的喜爱、赞赏、痴迷，明白了不光要读万卷书，更要行万里路，只有倾尽全力去做一件事，才有可能有所成！

我是体验官小茗，我们将访名山，试名泉，寻好茶，快跟我们一起走进名山名水结茶缘的奇遇。

小茶人们，考验你们复述能力的时刻来了哦，用你们自己的语言，讲述今天学到的名山名水名茶的知识，不过还要用小导游一样的模式，讲述一段小茶人游学日记。让大家产生身临其境的感觉。你们有信心试试吗？

示例：

佳佳："今天，我来到了美丽的太湖，我记得在乾隆年间，乾隆皇帝六下江南，有一次在太湖旁边尝到一种茶叶，茶香宜人，他问旁人这个茶叫什么名字，回答道'吓煞（shà）人香'，乾隆皇帝觉得这个名字太过于俗气，根据这个茶的色香味改名为'碧螺春'，因为茶叶的色泽翠绿，形状卷曲成螺，因此取名为'碧螺春'。"

第四章
诗文曲画论茶道

中国是诗的国度、茶的故乡。历史长河中，咏茶的诗文曲画层出不穷，名篇佳作不可胜数，是茶文化更是中华传统文化的宝贵财富。走近品茗佳境，读"两腋习习清风生"，吟"从来佳茗似佳人"，品"松花酿酒，春水煎茶"，远观《文会图》近赏《人散后，一钩新月天如水》，论茶道蕴含的真趣与哲思，感中国茶文化内涵之深厚。

第一节　吟诗读文才思涌

茶诗的形式众多，有古风、歌行、律诗、绝句、联句、宝塔、回文、顶真以及竹枝词、试帖诗、宫词等，可谓丰富多彩。中国茶诗萌芽于晋，兴盛于唐宋，元明清代余音缭绕，至今尤不绝于缕，广为传播。

嗯，我们课本上有很多唐诗宋词，读起来朗朗上口，语言优美。

中国文人都爱喝茶，唐宋以来的很多名人，都曾为茶作诗填词，让我们一起来欣赏吧！

我国是诗的祖国，应该会有数不尽的精彩诗作。

一丨经典茶诗

唐朝是诗歌的鼎盛时代，同时，中国的茶叶在唐代有了突飞猛进的发展，饮茶风尚在全社会普及开来，品茶成为诗人生活中不可或缺的内容，诗人品茶吟诗，因而茶诗大量涌现。

➤ 卢仝（tóng）《七碗茶歌》——茶之千古绝唱

1. 作者简介及创作背景

卢仝（775～835年）唐代诗人，自号玉川子，今河北涿（zhuō）州人。幼年就读于武山南麓的石榴寺，聪慧好学，博览群书。检《全唐诗》，卢仝存诗一百零七首，但以茶为题的仅此一首，在古今茶诗中独领风骚，被誉为茶诗中的千古绝唱。此诗是同陆羽《茶经》齐名的玉川茶歌。当时身处偏远之地的作者收到挚友孟简寄来的阳羡茶（当时的贡茶），品尝后一气呵成，作者对好友的感激之情跃然纸上。

走笔谢孟谏议寄新茶

卢仝	译文
日高丈五睡正浓，	太阳已高高升起睡意依然很浓，
军将打门惊周公。	这时军将敲门把我从梦中惊醒。
口云谏议送书信，	口称是孟谏议派他前来送书信，
白绢斜封三道印。	还有包裹用白绢斜封加三道印。
开缄（jiān）宛见谏议面，	我打开书信宛如见了谏议的面，
手阅月团三百片。	打开包裹有圆圆的茶饼三百片。
闻道新年入山里，	听说每到新年茶农采茶进山里，
蛰（zhé）虫惊动春风起。	蛰虫都被惊动春风也开始吹起。
天子须尝阳羡茶，	因为天子正在等待品尝阳羡茶，
百草不敢先开花。	百草都不敢先于茶树贸然开花。

| 仁风暗结珠琲瑠（bèi léi），
　先春抽出黄金芽。
摘鲜焙芳旋封裹（guǒ），
　至精至好且不奢（shē）。
　至尊之余合王公，
　何事便到山人家。
　柴门反关无俗客，
　纱帽笼头自煎吃。
　碧云引风吹不断，
　白花浮光凝碗面。
　一碗喉吻润，
　两碗破孤闷。
　三碗搜枯肠，
　唯有文字五千卷。
　四碗发轻汗，
　平生不平事，
　尽向毛孔散。
　五碗肌骨清，
　六碗通仙灵。
　七碗吃不得也，
唯觉两腋习习清风生。
　蓬莱山，在何处？
玉川子，乘此清风欲归去。
　山上群仙司下土，
　地位清高隔风雨。
安得知百万亿苍生命，
　堕在巅崖受辛苦！
　便为谏议问苍生，
　到头还得苏息否？ | 春风吹拂下茶芽萌动宛如蓓蕾，
此季生长出的嫩芽堪比黄金贵。
摘下新鲜的茶芽烘焙随即封裹，
这种茶叶品质优异而珍贵无比。
用来供奉皇帝之余再献给王公，
我这山人之家何等福分享用它。
关上柴门拦住不懂品茶的俗客，
穿戴整齐备好器具自己煎茶吃。
碧绿色的汤面上热气蒸腾不断，
茶汤里细沫漂浮白光凝聚碗面。
喝第一碗滋润了唇喉，
喝第二碗感觉不再孤单，不再烦闷。
第三碗激发了我的文思，
曾经熟读五千卷诗书，让我走笔挥毫。
第四碗后发出了轻汗，
平生遇见的不平之事，
都从毛孔中向外发散。
第五碗饮后，肌骨清灵，
再喝一碗好似通了仙灵。
第七碗已经吃不得了，
只觉得两腋生风，飘飘然，宛若成了仙。
蓬莱山，在何处？
我玉川子，要乘此清风飞向仙山去。
山上群仙掌管人间土，
高高在上与人隔风雨。
哪里知道有千百万百姓的生命，
堕在山巅悬崖受辛苦！
顺便替谏议探问百姓，
到头来能得到喘息否？ |

卢仝一生爱茶成癖，对他来说，茶不只是一种口腹之欲，还给他创造了一片广阔的天地，似乎只有在这片天地中，他那颗对人世冷暖的关注之心才能有所寄托。如果说，卢仝的七碗茶歌抒发了浪漫潇洒的情怀，那么为民请命的这一节则凝聚了庄严的现实主题，从品饮境界升华到普济苍生的博大胸怀，品茶虽让饮者飘然欲仙，但茶人们并不是一昧地将不平之意消融在清茶之中，相反，更为清醒地关注国计民生，"修身，齐家，治国，平天下"的理想信念在品茶中更为明朗坚定。

卢仝诗意浪漫化的饮茶境界的描写，广为流传，影响深远，被文人们引此为典，如"何须魏帝一丸药，且尽卢仝七碗茶""枯肠未易禁三碗，坐听荒城长短更""不用撑肠拄腹文字五千卷，但愿一瓯常及睡足日高时""一瓯瑟瑟散轻蕊，品题谁比玉川子"等。

夫子，玉川先生喝茶喝到成仙了，境界真美妙。

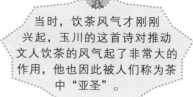

当时，饮茶风气才刚刚兴起，玉川的这首诗对推动文人饮茶的风气起了非常大的作用，他也因此被人们称为茶中"亚圣"。

夫子，我对照注释还是有几句不太理解，您能再详细讲讲吗？

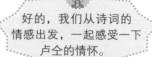

好的，我们从诗词的情感出发，一起感受一下卢仝的情怀。

2. 名句赏析

"一碗喉吻润，两碗破孤闷。三碗搜枯肠，唯有文字五千卷。四碗发轻汗，平生不平事，尽向毛孔散"：看似浅直，实则沉挚（zhì）。表明了茶的功效可生润解渴，消除孤寂，可激发诗思，抒发不平之气。诗人将无限感慨寓寄于茶，抑郁之情尽散，进入心宽气畅之境。

"五碗肌骨清，六碗通仙灵"：语意轻松，笔力凝重。茶饮至此，诗人已与茶相融了，只觉得茶的"洁性"洗尽了心中的凡尘俗污，因而亦觉身心如茶般清心脱俗，仿佛能与神仙互通心意了。

"七碗吃不得也，唯觉两腋习习清风生"：饮茶能让人两腋生风，飘飘欲仙，这是一种何等美妙的体验！此七句诗确实非同凡响，妙不可言，道前人所未道，诗意别开洞天。

"一碗喉吻润……七碗吃不得也，唯觉两腋习习清风生"：后人常把这一节单独称为《七碗茶歌》，它打破了句式的工稳，在文字上"险入平出"。七碗相连，如珠走板，气韵流畅，愈进愈妙，将品茶的境界描绘得淋漓尽致。

"蓬莱山，在何处？玉川子乘此清风欲归去"：蓬莱（péng lái）山，那是神话传说中神仙们居住的地方。茶饮到情深意浓时，卢仝似醉非醉，神思飘渺中体验了"群仙"与"苍生"的两种命运。

"安得知百万亿苍生命，堕在巅崖受辛苦！"："堕在巅崖"道出了天下百姓苦苦挣扎、随时面临死亡威胁的悲惨景象。

"便为谏议问苍生，到头还得苏息否？"：最后一问充分表达了诗人为民请命的社会良知，流露出诗人无限的惆怅与无奈。

卢仝笔下的饮茶境界
真是浪漫又富有诗意，这
就是经典流传的魅力。

其实"七碗茶歌"在日本
也广为传颂，并演变为"喉吻润、
破孤闷、搜枯肠、发轻汗、肌骨清、通
仙灵、清风生"的茶道意境；还有杭州西
湖"茶人之家"茶楼中的楹（yíng）联：
"一杯春露暂留客，两腋清风几欲仙"
也源于此。

一首诗竟能
引起众多文人
雅士的共鸣并得
以广泛引用，誉
卢仝为茶中"亚
圣"可谓名副
其实啊。

➤ 元稹（zhěn）《宝塔茶诗》——形神俱美赞香叶

1.作者简介及创作背景

元稹（779～831年），字微之，别字威明，河南府东都洛阳（今河南洛阳）人，唐朝著名诗人、文学家、宰相。提到这首宝塔茶诗，便不得不提到元稹的挚友——白居易。元稹聪明机智过人，少时即有才名，与白居易同科及第，并结为终生诗友，二人共同倡导新乐府运动，世称"元白"，诗作号为"元和体"，给世人留下"曾经沧海难为水，除却巫山不是云"的千古佳句。

此诗便是元稹等人欢送白居易以太子宾客的名义去洛阳，途经兴化亭时所作的咏物诗，标题限用一个字。白居易本人也当场写了一首《竹》诗作答。

宝塔诗①

元稹

茶，

香叶，嫩芽②。

慕诗客，爱僧家③。

碾雕白玉，罗织红纱④。

铫⑤煎黄蕊色，碗转曲尘花。

夜后邀陪明月，晨前命对朝霞。

洗尽古今人不倦，将至醉后岂堪夸。

注：
① 宝塔诗：原称"一字至七字诗"，也叫"一七体诗"。起始的字，既为诗题，又为诗韵。
② 茶，香叶，嫩芽：开头直点主题——茶，茶是嫩芽，气味芬芳。
③ 慕诗客，爱僧家：采用倒装句，说茶深受"诗客"和"僧家"的爱慕。
④ 碾雕白玉，罗织红纱：采用倒装句，烹饮饼茶时先要用白玉雕成的碾把茶叶碾碎，再用红纱制成的茶罗把茶筛分。碾，niǎn，把东西轧碎或压平的器具，即茶碾。
⑤ 铫：diào，煮开水熬东西用的器具。

译文

茶，

分为清香的叶和细嫩的芽；

诗人喜欢茶的高雅，僧家看重茶的脱俗；

用精致的茶碾茶末，用细密的红纱茶筛罗茶；

煎出的茶汤色泽黄亮，汤面上泛起美丽的汤花；

深夜饮茶可与明月独处，早起饮茶可与朝霞相伴；

人们自古爱饮茶，茶不仅醒神消疲，还能缓解酒醉，实是上佳饮品。

这首咏茶之作，具有形式美、韵律美、意蕴美，在诸多的咏茶诗中别具一格，精巧玲珑，堪称一绝。形式上，一字增至七字，搭造一个"宝塔"形的结构，令人耳目一新；韵律上，全部押的是险韵，一气呵成，展现了高超的驾驭文字的功力；意蕴上，用明月、朝霞、罗织、红纱诸意象，给人华而不奢、色彩斑斓（bān lán）而不目眩、纤巧清丽的视觉享受。

此诗将"一七体"这种诗体运用如神、对仗工整、妙趣横生。诗人咏茶，起句点题；"碾雕白玉，罗织红纱。铫煎黄蕊色，碗转曲尘花。"写茶的外形和碾磨，煎茶及茶汤的色泽、形态；接着写诗人与茶情谊深厚；最后夸茶"洗尽古今人不倦"的功效。

这首诗的样子很奇特，像个宝塔。

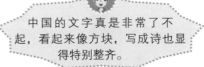

中国的文字真是非常了不起，看起来像方块，写成诗也显得特别整齐。

宝塔诗

元稹

茶，

香叶，嫩芽，

慕诗客，爱僧家。

碾雕白玉，罗织红纱。

铫煎黄蕊色，碗转曲尘花。

夜后邀陪明月，晨前命对朝霞。

洗尽古今人不倦，将至醉后岂堪夸。

对呀，汉字是世界上历史最悠久的文字，是中国文化的重要组成部分与载体。这首诗赞美了茶，同时也彰显了汉字的优点。

2. 涵意赏析

元稹的宝塔茶诗，层层递进，先后表达了三层意思：

（1）从茶的本性说到了人们对茶的喜爱；

（2）从茶的煎煮说到了人们的饮茶习俗；

（3）依据茶的功用说到了茶能提神醒酒。

元稹这首茶诗饶有趣味：

（1）描写上，有动人的芬芳——香叶，有楚楚的形态——嫩芽、曲尘花，还有生动的色彩——碾雕白玉、罗织红纱、铫煎黄蕊色；

（2）饮茶之时，应是夜后陪明月，晨前对朝霞，真是享受着神仙般快乐的生活，可谓"睡起有茶饥有饭，行看流水坐看云"；

（3）茶可以洗尽古人今人之疲倦，这是何等妙用！

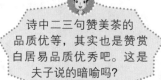

诗中二三句赞美茶的品质优等，其实也是赞赏白居易品质优秀吧。这是夫子说的暗喻吗？

那么四五句写茶受诗客与僧家爱慕，其实也是在说好友白居易跟茶一样深受人们爱慕吧！

是的，离别之际，元稹以此诗，劝慰挚友白居易，表达了两人之间真挚深厚的感情，字字都是真情实感啊。

▶ 苏轼 《次韵曹辅寄壑源试焙新茶》——茶美如佳人

1. 作者简介及创作背景

苏轼是一位富有人格魅力和极有天才的文学巨星，熟谙品茶、评水、烹茶、种茶之法，以茶会友，以茶参禅，以茶作文。苏轼对茶一往情深，一生写过茶诗数以百计，经典之作颇多。

这首《次韵曹辅寄壑源试焙新茶》属于唱和诗，宋哲宗元祐五年（公元1090年）春，福建壑源山上的新茶面市，曹辅时任福建转运使亦称漕司，其职责就包含有北苑贡茶的生产管理与转运呈送，他给远在杭州任太守的老朋友苏东坡送了一些新茶，并依照当时文人交往的惯例同时呈上自己所写的一首七律。酷爱饮茶的苏东坡在品尝新茗后有感而发，从而和诗答谢。

次韵曹辅寄壑源①试焙新茶
苏轼

仙山灵草②湿行云，洗遍香肌粉未匀。

明月③来投玉川子④，清风吹破武林⑤春。

要知冰雪心肠⑥好，不是膏油首面新⑦。

戏作小诗君勿笑，从来佳茗似佳人⑧。

注：
① 壑源：地名，在建安东（今建瓯市东峰镇境内），宋代建安民间私焙最精良的团茶贡品产地。
② 灵草：即指壑源新茶。
③ 明月：指团茶。
④ 玉川子：唐代诗人卢仝的号，此处为诗人自喻。
⑤ 武林：武林是旧时杭州的别称，以武林山得名。
⑥ 心肠：此指茶的内质。
⑦ 不是膏油首面新：膏油是指在茶饼面上涂一层膏油。特别要指出的是"不是"两字意思为"不只是"。
⑧ 从来佳茗似佳人：因为佳茗与佳人都是外表脱俗清丽，更为重要的是心灵的纯洁、情操的高尚、胸襟的宽广和气度的脱俗。

译文

在云雾缭绕的茶山，仿如仙境，洁白的流云悠然飘过，洗遍茶芽的每一寸香肌，优质的茶鲜叶恰似不加粉黛，丽质天成的佳人。

佳人（圆月似的团饼茶）投奔自己的知己——玉川子，她的到来带来了武林（杭州）的春天。

我对她的喜爱不仅是因为她容颜娇艳，更因为她蕙质兰心、冰雪聪明。

我兴之所至写下这首小诗。你千万不要嘲笑我，在我的心里，佳茗就像佳人，让人一见倾心。

从来佳茗似佳人，佳佳，你的名字就是从这儿来的吧。

我想是爸爸妈妈希望我长大后，能成为真正的君子，心灵纯净又自信大方。

两位小茶人，你们是祖国的未来，努力学习，长大后为国效力。

全诗用词典雅，拟人描写精彩，画面感强，意境优美，确是咏茶诗中的佳作。在诗人的笔下，壑源新茶犹如佳人一般，出水芙蓉，冰肌玉肤，明眸（móu）皓（hào）齿，有着天然的真味和内在的美质。佳茗似佳人，这种独特的比喻再贴切不过了。

2. 词句赏析

苏轼把壑源新茶赞为仙山灵草，描写新茶特征的语句生动贴切。

"仙山灵草湿行云"是写新茶的鲜嫩清新；

"洗遍香肌粉未匀"是写新茶的天生丽质；

"清风吹破武林春"是写新茶的清香可人；

"要知冰雪心肠好"是写新茶的本质高雅；

"不是膏油首面新"是写新茶的朴实无华；

"从来佳茗似佳人"一句更是运用比喻的手法，将佳茗的鲜嫩清新与佳人的天生丽质联系在一起，把茶的品质与人的品德来类比，比喻贴切、生动，给人以丰富的想象和美妙的感受，将茶的独具之美表现的淋漓尽致。

这是苏轼品茶意境的最高体现，也成为后人品评佳茗的最好注解。后人常把苏轼另一首诗的名句"欲把西湖比西子"与之相对成联。

从来佳茗似佳人，真是妙啊，比喻手法被苏轼运用的太棒了，我要努力学习更多修辞手法！

二、经典茶词

宋代文学，词领风骚，宋代以后，茶文学在茶诗、茶文之外，又有了茶词的新形式。

▶ 黄庭坚 《品令·茶词》——言有尽意无穷

1. 作者简介及创作背景

黄庭坚（1045 ～ 1105 年）是北宋著名诗人，为盛极一时的江西诗派开山之祖，字鲁直，号山谷道人，晚号涪（fú）翁。因嗜茶也写过许多茶诗词，专门咏茶的就有近 40 首，因其是江西分宁人，所以被称为"分宁茶客"。宋代有尚茶、爱茶的历史背景，这为黄庭坚的词作提供了创作素材。黄庭坚生长于茶乡修水，从小耳濡（rú）目染乡亲们种茶、采茶、卖茶的生活，它对茶和茶农怀有深厚的感情。

黄庭坚一生辗（zhǎn）转沉浮，流浪多地，与家乡渐行渐远，茶的气息中蕴染着作者一腔念旧怀远的沧桑之感。黄庭坚在这些茶诗词中，淋漓尽致地倾诉了爱茶的脉脉情怀，品茶的淡淡雅兴，茶事历历可数，茶谊依依动人。其中广为传诵的就是这首《品令·茶词》。

品令·茶词①
黄庭坚

凤舞团团饼②。恨分破，教孤令③。

金渠体静，只轮慢碾，玉尘光莹。

汤响松风，早减了二分酒病。④

味浓香永⑤。醉乡路，成佳境。

恰如灯下，故人万里，归来对影。

口不能言，心下快活自省。

注：
① 品令：词牌名，双调五十二字，前段四句三仄韵，后段四句两仄韵。
② 凤舞团团饼：开首写茶之名贵，宋初进贡茶，先制成茶饼，然后以蜡封之，饰以龙凤图案。
③ 孤令：令同零，即孤零。
④ 凤舞……早减了二分酒病：此词上片描写了碾茶煮茶的场景。
⑤ 味浓香永：承前接后作用，承接上片、开启下片。

译文

团饼茶上雕刻着飞舞的凤凰，精美无比。只恨有人将茶饼掰开，凤凰各分南北，孤孤零零。将茶饼用洁净的金渠细心碾成琼粉玉屑，但见茶末纷飞，莹莹有光。净器煮水准备烹茶，汤沸声如风过松林，已经将酒醉之意减了几分。

煎好的茶水味道醇厚，香气持久。饮茶亦能使人醉，但不仅无醉酒之苦，反觉精神爽朗，渐入佳境。就好比故人从万里之外归来，两人灯下对坐，心中千言万语不知从何开始，此种妙处只可意会，不可言传，惟有饮者才能体会其中的情味。

皇帝往往以分赐近臣龙凤团茶以示恩宠，足见当时茶之珍贵。宋代胡仔在《苕（tiáo）溪渔隐丛话》中说："鲁直诸茶词，余谓《品令》一词最佳，能道人所不能言，尤在结尾三四句。"当代文学评论家唐圭璋也言："黄庭坚这首词的佳处，就是把人们当时日常生活中心里虽有而言下所无的感受情趣，表达得十分新鲜具体，巧妙贴切，耐人品味。在宋代茶词作者中，没有谁能像黄庭坚一样如此淋漓尽致地描绘出品茗的感受了。

2. 名句赏析

"醉乡路，成佳境。恰如灯下，故人万里，归来对影。"此句原本出于苏轼《和钱安道寄惠建茶》"我官于南（时苏轼任杭州通判）今几时，尝尽溪茶与山茗。胸中似记故人面，口不能言心自省"。

作者用"灯下""万里归来对影"烘托品茶的氛围，意境又得以升华，

形象也更为鲜明，通过"妙悟"将品茶的美妙意境喻为故人万里归来，那种相视无言，但心意相知相通之美妙神奇心境。这种快活，是将沉重的沧桑之感，冶炼成一派从容的笑容，透视突现了生命的清朗。

雕刻着凤凰图纹的团饼茶，想想都让人向往，这首诗的意境真美！

我都觉得已经喝到那杯美味的茶汤了。

哈哈，品读茶诗词也能解渴呢。

➤ **俞樾《一枝春·嫩展旗枪》——旗枪之美杯中展**

1. 作者简介及创作背景

俞樾（1821 ～ 1906 年），字荫甫，自号曲园居士，浙江德清城关乡南埭（dài）村人。清末著名学者、文学家、经学家、书法家。

一枝春·嫩展旗枪

俞樾（yuè）

序：茶瓯中有一茎树立，俗名茶仙，主有客来。

嫩展旗枪，有灵根袅袅（niǎo），婷婷斜倚。伶仃（líng dīng）乍见，便是藐菇（miǎo gū）仙子。纤腰倦舞，又罗袜、踏波而起。休误认、杯内灵蛇，负了雨前清味。

天然一茎摇曳（yè）。爱云雾花茶，青葱如此。擎（qíng）瓯细品，漫拟苦心莲蕊。灵机偶动，又添得、喜花凝聚。应卜（bǔ）取、佳客连翩，桂舟共舣（yǐ）。

此词展示了茶叶在杯中冲泡后的美景。谢在杭《五杂组》："凡花之奇香者，可点汤。《遵生八笺（jiān）》云：'芙蓉可为汤'；然今牡丹、蔷薇、玫瑰、桂、菊之属，采以为汤，亦觉清远不俗，但不若茗之易致也。"明清时也有人在茶中加花加调味品饮用的风俗。乔吉作《卖花声·香茶》云："细研片脑海花粉。新剥珍珠豆蔻（kòu）仁。依方修合凤团春。醉魂清爽。舌尖香嫩。这孩儿那些风韵。"写的是将梅花、豆蔻与凤团茶合饮，其味清鲜香嫩，品饮之趣跃然纸上。

2. 名句赏析

"嫩展旗枪，有灵根袅袅，婷婷斜倚。"一杯香茗，在诗人眼中就是仙境，杯中芽叶尽展，如旗如枪，翩翩起舞。

"伶仃乍见，便是藐菇仙子。纤腰倦舞，又罗袜、踏波而起。"

又仿佛是仙女下凡，飘落人间，裙袂（qún mèi）飞扬，风姿卓绝。

"休误认、杯内灵蛇，负了雨前清味。"如此美景让人不忍心品饮，但又怕错过了品尝到杯中这杯雨前茶的清美之味。

"灵机偶动，又添得、喜花凝聚。"品味之余，添花佐（zuǒ）味，更加浪漫之趣。

茶诗词中的韵味值得细细品味，它是绿野田园中一阵清风，是心灵交流的一面旗幡（fān），是人生旅程的一座驿站，更是情感世界的一种净化。

茶诗茶词，内容丰富、蕴含深情；名家名篇，字字珠玑、篇篇瑰（guī）宝。这次学习和体验，让我深刻体会到了中华诗词的魅力！

儿歌·吟诗读文才思涌

茶诗茶词，仄平有韵形式美，内容丰富蕴深情。
亚圣卢仝，七碗茶歌走笔成，诉尽品饮浪漫境。
宰相元稹，妙笔生花宝塔诗，形神俱美赞香叶。
东坡居士，佳茗佳人相媲（pì）美，蕙质兰心真君子。
分宁茶客，品令咏茶成佳境，快活自省传天下。
名家名篇，字字珠玑论茶事，篇篇瑰宝载文明。

第二节　听曲赏画闻妙香

茶是勤劳智慧的中国人民对世界文明的一个杰出贡献。在中国古代，茶与人民的物质生活、精神享受密不可分，影响遍及饮食、民俗、商业、文学、艺术、民族交往等领域。

一 茶歌茶曲

散曲是一种文学载体，在元朝极为兴盛风行。对应地，元代茶事散曲的出现，为茶文学领域增添了新的表现形式。元朝虽然未曾出现过专门的茶学著作，但与唐诗、宋词比肩的元曲，却纳入了大量的茶事内容，包括茶品、茶礼、茶肆（sì）、茶俗和茶艺等各个方面，饮茶成为全国各民族、各阶层的一种共同嗜好。

其中一些记载，充满生活情趣，反映元人饮茶的意境和感受，体现了厚重的多民族文化融合的人文精神，是研究元代茶文化的珍贵资料。

▶ 茶　歌

茶歌是流传于我国茶区的一种民歌，是劳动人民喜闻乐见的一种艺术形式，是从茶叶生产、消费派生出的一种文化现象。人们在采茶、制茶、饮茶、祭祀、行路或民间歌会上，为抒情叙事而唱起茶歌，有时也自娱自乐。茶歌从多个侧面描述了茶叶生产、茶农生活、男女爱情、历史故事或神话传奇，丰富了中国民族音乐文化和茶文化的宝库，是研究茶史、音乐史、民俗学、文学的重要资料。

1. 梅山茶歌

安化古称梅山，因地处湘中腹地，古时崇山峻岭（jùn lǐng），旷野荒蛮，交通闭塞，苗瑶杂居其间，千百年来形成了独特的"梅山文化"，对安化茶文化的形成起着重要影响。茶叶长期来作为安化祖祖辈辈养家糊口和对外交换的物品，有着悠久的历史，为民间文学艺术提供了源泉。

> 二月花朝初开天，双双对对整花园。
>
> 哥施肥来妹淤土，谷雨多摘"白毛尖"。
>
> 三月清明茶发芽，姐妹双双采细茶。
>
> 双手采茶鸡啄米，来来往往蝶穿花。
>
> 谷雨采茶上山坡，男男女女在一起。
>
> 心想和妹来讲话，筛子关门眼睛多。
>
> 布谷声声叫得欢，农家四月两头忙。
>
> 插得秧来茶已老，采得茶来麦又黄。

2. 千两茶号子

安化"千两茶"踩制是一种传统的手工工艺。踩制千两茶，犹如一场优美的古典舞蹈，是技与艺结合的经典。加工场面紧张而热烈，为求踩制动作一致，施压均匀，传统上由一个人领号，其余几个大汉如吼般同声呐喊，与资江的纤夫号子相互辉映，使古老的安化茶乡生机勃勃。其民谣据现场灵感随意发挥，富有原生态民歌之风，音调雄浑，节奏沉稳。其歌词为：

> 压起来咧——把扛抬呀！
>
> 重些压呀——慢些滚呀！
>
> 大扛压得好呀，脚板稳住动呀。
>
> 小扛绞得匀呀，粗茶压成粉呀。

细茶压成饼呀，香茶销西口。

好茶治百痛呀。

黄肿包吃了能消肿呀。

要止泻病喊得应呀。

又止渴来又提神呀！

无名肿毒冒得生呀！

喝它几碗赛雷公呀！

噢哩喂哎喂哩伙呀！

压了一轮又一轮呀…

➤ 茶　曲

1.李德载《阳春曲·赠茶肆》

李德载的《阳春曲·赠茶肆》小令十首便是茶曲的代表：

茶烟一缕轻轻飏，搅动兰膏四座香，烹煎妙手赛维扬。

非是谎，下马试来尝。

黄金碾畔香尘细，碧玉瓯中白雪飞，扫醒破闷和脾胃。

风韵美，唤醒睡希夷。

蒙山顶上春光早，扬子江心水味高，陶家学士更风骚。

应笑倒，销金帐饮羊羔。

龙团香满三江水，石鼎诗成七步才，襄王无梦到阳台。

归去来，随处是蓬莱。

一瓯佳味侵诗梦，七碗清香胜碧筒，竹炉汤沸火初红。

两腋风，人在广寒宫。

木瓜香带千林杏，金橘寒生万壑冰，一瓯甘露更驰名。

恰二更，梦断酒初醒。

兔毫盏内新尝罢，留得余香在齿牙，一瓶雪水最清佳。

风韵煞，到底属陶家。

龙须喷雪浮瓯面，凤髓和云泛盏弦，劝君休惜杖头钱。

学玉川，平地便升仙。

金樽满劝羊羔酒，不似灵芽泛玉瓯，声名喧满岳阳楼。

夸妙手，博士便风流。

金芽嫩采枝头露，雪乳香浮塞上酥，我家奇品世间无。

君听取，声价彻皇都。

2. 张可久《人月圆·山中书事》

张可久，字小山，元曲大家，其作品涉茶者有数十首。

其《人月圆·山中书事》：

兴亡千古繁华梦，诗眼倦天涯。

孔林乔木，吴宫蔓草，楚庙寒鸦。

数间茅舍，藏书万卷，投老村家。

山中何事？松花酿酒，春水煎茶。

千古岁月，兴亡更替就像一场幻梦。诗人远望着天边，回首往事。孔子家族墓地中长满乔木，吴国的宫殿如今荒草萋萋，楚庙中只有乌鸦飞来飞去。临到老回到了村中生活，几间茅屋里，珍藏着万卷诗书。山中有什么事呢？用松花酿酒，用春天的河水煮茶。

"藏书""酿酒""煎茶"，则写其诗酒自娱，旷放自由的生活乐趣。"万卷"书读之不尽，"松花""春水"取之不竭；饮酒作诗，读书品茶，足慰晚年。此曲借感叹古今的兴亡盛衰描写了自己看破世情，隐居山野，喝着自酿的松花酒，品着自煎的春水茶，幽闲宁静，诗酒自娱，自由自在，退居田园的生活。

另一曲《山斋小集》：

玉笙吹老碧桃花，石鼎烹来紫笋芽，

山斋看了黄筌（quán）画。

酴醾（tú mí）香满把，自然不尚奢华。

醉李白名千载，富陶朱能几家，贫不了诗酒生涯。

春水煎茶，石鼎烹茶。山中生活，数间茅舍，诗酒书茶，逍遥自在。

夫子，元代人不是爱喝添加香料等各种配料的茶吗，兰膏茶是什么茶呀？

正是，元代时期，民族大融合，茶饮方式变得更加多样化。根据《居家必用事类全集》和《饮膳正要》的记录，当时有枸杞茶、擂茶、孩儿茶、兰膏茶和酥签茶等新式喝茶法。兰膏茶是将好茶研磨成茶粉之后，在茶末内加入溶化了的酥，再稍微加一点水，搅拌均匀，并加一点盐调味。

夫子，通过欣赏元曲，让我们增长了见识，好想喝兰膏茶。

二 历代茶画

茶画古已有之，现在所能见到的最早的唐代茶画是传为阎立本所作的《萧翼赚兰亭图》，该图是根据唐代何延之《兰亭始末记》画萧翼为唐太宗从辩才处骗取《兰亭序》墨宝的故事所画。

➤ 唐·阎立本——《萧翼赚兰亭图》

唐·阎立本《萧翼赚兰亭图》南宋摹本
（绢本设色 27.4×64.7cm 台北故宫博物院藏）

画面中辩才趺（fū）坐禅榻，正与来客萧翼款款而谈，画面左部是唐代具代表性的茶末入铛（chēng）煮法。此画描绘了客来煮茶的场景，成为现存最早表现唐代煮茶法的绘画，展示了初唐时期寺院煮茶待客之风尚，表明从初唐起，饮茶就已经进入了人们的日常生活，提供了唐代煮茶法的形象史料。

➤ 南宋·赵佶——《文会图》

南宋赵佶的《文会图》是中国古代宫廷茶宴的一个范本图卷，场面开阔，风雅传奇。

宋·宋徽宗赵佶《文会图》（台北故宫博物院藏）

　　此画是精于茶道的宋徽宗对于宋代龙凤团茶点法和品饮环境的生
动描绘，细致的笔法刻画出园林里点茶品茗的盛况。图中童子准备茶
汤的区域非常专业，从储水器到炉，到水注子、杯盏，可谓一应俱全。

➤ 元·刘贯道——《消夏图》

　　元代刘贯道的《消夏图》画的是一个种植着芭蕉、梧桐和竹子的
庭园，其左边横置一榻，一人解衣露出胸、肩，赤足卧于榻上纳凉。
榻之侧有一方桌，桌子与榻相接处斜置一乐器。榻的后边有一大屏风，
屏风中画一老者坐于榻上，一小童侍立于侧，另有两人在对面的桌旁
似在煮茶。

元·刘贯道《消夏图》

屏风之中又画一山水屏风，这种画中有画的"重屏"样式，是五代以来画家喜欢采用的表现手法，拓宽了茶面的空间，大大增强了画面的观赏性和趣味性。

➤ 宋·宋懋晋——《西湖胜迹图》

明代宋懋（mào）晋的《西湖胜迹图》，此图画的是龙井茶山下，修篁（shèng）石林间的亭阁中，有三人围坐。

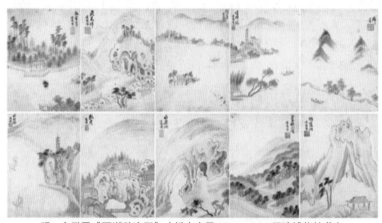

明·宋懋晋《西湖胜迹图》（纸本水墨 28x21.5cm 天津博物馆藏）

其意境正如元代虞集《次邓文原游龙井》诗中所云："徘徊龙井上，云气起晴昼。澄公爱客至，取水挹（yì）幽窦（dòu）。但见瓢中清，翠影落碧岫（xiù）。烹煎黄金芽，不取谷雨后。同来二三子，三咽不忍漱。"画面左上题款"龙井懋晋"，白文印"明之"。

➤ 清·黄慎——《采茶翁图》

清代黄慎的《采茶翁图》左上方自题："采茶深入鹿麋群，自剪荷衣积绿云。寄我峰头三十六，消烦多谢武夷君。"后印"黄慎"朱方印、"瘿（yǐng）瓢"白方印。

清·黄慎《采茶翁图》（纸本设色 27.5×35.5cm 香港艺术馆藏）

　　画中一老者为深山隐士，席地而坐，皓发长髯（rǎn），右手持羽扇，左手着地，身后置长杆、竹篮，篮中盛满了茶叶。草草数笔而具超然之趣，其挚友曾感叹黄慎的写意人物："画到精神飘没处，更无真相有真魂。"

➤ 民国·丰子恺——《人散后，一钩新月天如水》

　　《人散后，一钩新月天如水》是民国时期的丰子恺先生创作的漫画。这幅如宋元小令般意境悠远的水墨漫画，是丰子恺先生早期漫画之一，1924 年最早发表在《我们的七月》杂志上。朱自清极为欣赏这幅作品，说："好像吃橄榄似的，老觉着那味儿。"当时丰子恺先生在白马湖春晖中学任教，与叶圣陶、夏丏尊、朱自清等共事。他们往往在月下倚栏观赏新月，手持清茶一杯闲谈，凉夜深了，人皆散去。

民国·丰子恺《人散后，一钩新月天如水》

欣赏这样一幅茶画，一钩新月，半卷竹帘，人去楼空，茶烟未散。寥寥数笔，却将那一种凄清怅惘（chàng wǎng）之感，表达的淋漓尽致。

➤ 民国·丰子恺——《严霜烈日皆经过，次第春风到草庐》

丰子恺另一幅名为《严霜烈日皆经过，次第春风到草庐》的绘画作品，表现了四口之家，不但随季节经历了寒冬与酷暑，还一起走过了人生的起伏。在这个柳条飘飞，鲜花盛开的春季，在草庐前闲坐，沏一杯新茶，享受天伦之乐，也是人生的大快事了。

民国·丰子恺《严霜烈日皆经过，次第春风到草庐》

夫子，这些茶的绘画作品各式各样，我觉得古人们的生活因为有茶变得更有诗情画意了。

是啊，我最喜欢丰子恺的画，他画中有很多喝茶场景，十分贴近生活，好有意思。

说得很好，历代文人生活中，茶事活动既是朋友交流的媒介，也是修身养性的方式，他们所创作的茶事文学艺术作品也是我们了解茶文化历史的珍贵资料。

儿歌·听曲赏画闻妙香

元代散曲初现世，比肩唐诗与宋词。

广纳茶事入茶曲，茶礼茶俗及茶艺。

饮茶之风塞外传，不分民族与阶层。

生活情趣满载中，融合民族文化多。

最早绘出茶待客。唐时画家阎立本。

各朝各代茶画现，笔触轻转有真意。

第三节 浅论茶道知其韵

一、"茶道"确立

在中国，"茶道"一词的出现始自中唐，唐代诗僧皎然的《饮茶歌·诮崔石使君》一诗是最早出现"茶道"之词的文献。诗云"孰知茶道全尔真，唯有丹丘得如此。"这里所指的茶道，是指通过饮茶获得精神上的愉悦，茶道即修身之道。

饮茶歌诮①崔石使君
皎然

越人遗我剡溪茗②，采得金芽爨金鼎③。

素瓷雪色缥沫香④，何似诸仙琼蕊⑤浆。

一饮涤昏寐，情来朗爽满天地。⑥

再饮清我神，忽如飞雨洒轻尘。⑦

三饮便得道，何须苦心破烦恼。⑧

此物清高世莫知，世人饮酒多自欺。

愁看毕卓瓮间夜，笑向陶潜篱下⑨时。

崔侯啜之意不已，狂歌一曲惊人耳。⑩

孰知茶道全尔真，唯有丹丘⑪得如此。

注：
① 诮：qiào，原意是嘲讽。这里的"诮"字不是贬义，而是带有诙谐调侃之意，是调侃崔石使君饮酒不胜茶的意思。
② 越人遗我剡溪茗：越，古代绍兴。遗，wèi，赠送。剡（shàn）溪，水名，位于浙江东部，又名剡江、剡川，全长200km多，乃千年古水。
③ 采得金芽爨金鼎：金芽，鹅黄色的嫩芽。爨，cuàn，炊也，此处当烧、煮茶之意。金鼎，风炉，煮茶器具。
④ 素瓷雪色缥沫香：素瓷雪色，白瓷碗里的茶汤。缥沫香，青色的饽沫。缥，piāo，青白色，淡青。

⑤ 琼蕊：琼树之蕊，服之长生不老。

⑥ 一饮涤昏寐，情来朗爽满天地：一饮后洗涤去昏寐，神清气爽情思满天地。

⑦ 再饮清我神，忽如飞雨洒轻尘：再饮清洁我的神思，如忽然降下的飞雨落洒于轻尘中。

⑧ 三饮便得道，何须苦心破烦恼：三饮便得道全真，何须苦心费力的去破烦恼。

⑨ 陶潜篱下：陶潜，陶渊明。篱下，陶渊明《饮酒诗》"采菊东篱下，悠然见南山"。

⑩ 崔侯啜之意不已，狂歌一曲惊人耳：崔石使君饮酒过多之时，还会发出惊人的狂歌。狂歌，此指放歌无节。

⑪ 丹丘：即丹丘子，传说中的神仙。

　　《饮茶歌诮崔石使君》是一首浪漫主义与现实主义相结合的诗篇，诗人在饮用越人赠送的剡溪茶后所作，他激情满怀，文思似泉涌井喷，"三饮"神韵相连，层层深入扣紧，把饮茶活动作为修行悟道的一条捷径，借助于饮茶活动得到物我两忘的心灵感受，达到仙人般精神境界，更是完美动人地歌颂了饮茶的精神享受。

　　茶叶出自中国，茶道亦出自中国。"茶道"二字的由来缘于此诗，意义非凡。当代人品茶每每引用"一饮涤昏寐""再饮清我神""三饮便得道"的说法。"品"字由三个"口"组成，而品茶一杯须作三次，即一杯分三口品之。

- 唐中期《封氏闻见记》卷六"饮茶"载："楚人陆鸿渐为茶论，言茶之功效并煎茶炙茶之法，造茶具二十四事……有常伯熊者，又因鸿渐之论广润色之。于是茶道大行，王公朝士无不饮者。"这里的"茶道"主要指茶的煎煮技术。

- 明朝中期的茶人张源在其《茶录》书中，首次单列"茶道"一条，曰："造时精，藏时燥，泡时洁，精、燥、洁，茶道尽矣。"这里的"茶道"也偏指茶叶生产和消费的技术规则，明确规定茶道包括造茶、藏茶、泡茶等方面的法则。

- 茶文化高度成熟和兴盛的近现代，诸多茶人、专家、学者对"茶道"概念的理解都偏重于精神文明层面。无论是"忙里偷闲、苦中作乐，在不完全现实中享受一点美与和谐，在刹那间体会永久"（周作人），还是"茶道是把茶视为珍贵的、高尚的饮料，饮茶是道德修养的一种仪式"（吴觉农），还是"茶道即饮茶修道"（丁以寿），或是"茶道是人类品茗活动的根本规律，是从回甘体验、茶事审美升华到生命体悟的必由之路"（吴远之），都异口同声表达出一种感悟——"中国茶道"不局限于包括种茶、采茶、制茶、藏茶、泡茶在内的一系列技术法则，它更是超越物欲，展示中国传统"礼""乐"文化内涵的道德规范。

中国茶道是一种以茶为媒介的生活礼仪，一种以茶修身的生活方式，是一种有益身心的和美仪式，它所具有的修身养性和道德教化功能一直以来都为有识之士所赞赏和践行着。

综上所述，中国茶道是从土地到茶杯的全程规范之道，包括事茶活动中的技术之道、礼仪之道、修身之道。"茶道"以茶为载体，以"礼乐"为追求。让人们通过修身体悟，从而达到"和"的境界，由此派生出诸多形式或境界。

夫子，为什么一提起"茶道"，身边的很多人都会不由自主联想到"日本茶道"呢？

实际上，"日本茶道"是中国茶文化的次生产物，是日本茶人在学习和汲取唐宋时期中国茶文化的基础上，融入日本的民族精神与审美理念创造出的，形成了具有日本民族特色的茶文化。

二 "茶道"之解

简而言之，茶道是从茶园到茶杯的富含文化内涵的饮茶规范，包括技术之道、仪礼之道和修身之道。

➤ 技术之道

技术之道指茶园生产、茶叶加工储藏保管、饮用方法等技术规则，这是从茶园到茶杯的茶品形成和体验的基本物质保障。没有茶叶生产和消费方式方法的传播，就不可能有中国茶文化的形成、传播和变异，也就不会形成中国茶道的多元化面貌。

➤ 礼仪之道

礼仪之道包括仪容仪表、言谈举止、敬茶答谢等，如鞠躬礼、点头礼、注目礼、奉茶礼等，长久修习，则有益于养成举止得体、言谈有礼、恬淡宽容的美好风度。礼仪之道是提高个人素养，以"礼乐"文明构建人与人、人与社会和谐的桥梁。

▶ 修身之道

修身之道指在茶事活动中，融入道、释、儒的"内省修行"思想，陶冶情操，怡养品德，感悟生命的真谛，升华到"和"之境界，如"静、净、敬、和"的修身之道。

在静中，排除干扰，品茶之真香，洞悉世间万物，明了人生真谛；净至清，清至明，茶具纤尘不染，心灵纯净而贴近本我自然。日常生活中，全身心地投入茶事活动，是一种简单而快乐的由静入净的方式。

对天地、对自然、对生命，心怀敬畏，人人皆应以"三省吾身"的精神，承担责任，拼搏奋斗，以实现人生的价值；茶事活动中，汤入口，香入鼻，味入舌，意入心，心悟道，化浮躁为宁静，化繁复为简单，去烦忧而怡情。

茶道是技术之道、礼仪之道、修身之道，不仅可以促进人与自然界的和谐，让人际关系更融洽，也将为那些奋力搏击而备感心灵疲惫、终日忙碌而空虚迷茫的人们，开辟一片清新自然、充满着诗意的家园！

二、"茶道"之韵

➤ 茶 德

茶德是历代茶人崇尚和追求的目标，也是茶文化的核心内涵。茶性蕴含着茶德，茶品即人品。陆羽在《茶经》中提出的"饮茶最宜精，行俭德之人"，人们把饮茶的好处归纳为"十德"：以茶散郁气，以茶驱睡气，以茶养生气，以茶除病气，以茶利礼仁，以茶表敬意，以茶尝滋味，以茶养身体，以茶可行道，以茶可雅志。庄晚芳说明茶的美好品质应与品德美好之人相配。

➤ 茶 情

茶情，是一种在进行茶事活动的环境中，产生的爱茶之心与赞茶之情。它是有修行的茶人、茶客们的一种高级精神产物，它的产生依赖于饮者们各自的艺术修养。茶德与茶情的一体表达，既是茶人人生的高境界，又是茶道的高境界，高级的茶叶制品是这种双高境界的体现，是茶人的自我实现。

➤ 茶 礼

茶礼是茶道不可分割的部分。在茶道中，茶礼贯穿整个茶事活动中，是茶事活动的全体人员约定俗成的行为规范。在茶事活动中，礼的作用之一是用来表达对他人的尊敬，从而实现以茶事为契（qì）机，沟通思想、交流感情，和谐人际关系；其二是用来修施礼者的"仁爱"之心。因此，学茶习礼，能实现"外修型，内修心"的目的。

➤ 茶 韵

茶韵是品饮茶汤时所得到的特殊感受，是一种茶的色、香、味等综合形成的风格。因而不同的茶有自己的"韵味"，如，铁观音的"音韵"，岩茶的"岩韵"。还有普洱茶的"陈韵"，西湖龙井的"雅韵"，黄山毛峰的"冷韵"，台湾冻顶的"喉韵"，岭头单枞的"蜜韵"，午子绿茶的"幽韵"，潮安凤凰水仙的"山韵"……

韵，声音均匀、和谐动听之意，通常是和气联系在一起的，称作"气韵"。茶汤除了色泽、香气、滋味外，还有气韵，称作"茶汤四相"，对"茶汤四相"的感受就称做茶韵。

韵，也可以是一种喝茶时不可主传只可意会的文化品味。不同的人品出不同韵味，如有人品出"从来佳茗似佳人"，有人品出"茶禅一味"，有人品出"茶中有清欢"，等等。

儿歌·浅论茶道知其韵

唐代皎然诗中吟，孰知茶道全尔真。

茶道一词始流传，修身养神可称道。

道可道，非常道，茶道之解各有理。

超越物欲显道德，有益身心礼乐和。

技术礼仪和修身，贯穿茶园到茶杯。

夫子，我今天明白了"茶道"最早也是起源于中国。

是的，茶道包括技术之道、礼仪之道、修身之道。

茶道最先是茶圣陆羽创立，源于中国，影响世界，作为中国小茶人，一定要有文化自信，好好学习，将来才可好好弘扬中国茶道精神。

寓乐天地——小小"茶说家"

小伙伴们，你们好，我是小小体验官佳佳，我们将在这次体验活动中，诵读茶诗茶词，感受仄（zè）平有韵，体会浪漫深情。有亚圣卢仝，七碗茶歌走笔成；也有宰相元稹，妙笔生花宝塔诗；更有东坡居士，佳茗佳人相媲美，蕙质兰心真君子。我们今天见到的只是茶文化瑰宝中的一小部分，感兴趣的话要主动学习更多哦。

小伙伴们，你们好，我是体验官小茗，我们将走进诗文曲画的奇妙空间，探究茶在不同艺术作品中的魅力。你知道"茶道"二字是什么时候出现的吗？你想知道茶德中除了"以茶散郁气，以茶表敬意，以茶养身体，以茶可行道"还有哪些吗？你愿意跟我们一起当吟茶诗、赏茶画、听茶曲、品茶韵的中华小茶人么？快来跟我一起学习体验吧！

咱们今天学习了这么多诗文曲画，大家能不能根据自己的理解，试着向家人和朋友介绍或推荐一部与茶相关的作品呢？诗文曲画都可以哦。

示范：

佳佳："今天学习的《宝塔茶诗》很有趣，全诗只有七句，依次从一个字增加到七个字，一开始就告诉我们茶是嫩芽芽和香香的叶子，很受大家喜爱。然后又讲了唐代烹茶的过程，很像平时在古装剧里见过的样子。而且我知道了原来茶还可以提神醒酒呢，我要回去告诉我的爸爸平时要多喝茶！"

小茗："我给大家分享一幅画——《文会图》，是南宋赵佶所绘。在画面中，文人们或围桌而坐，桌上摆满了美味佳肴，或举杯品饮，或互相交谈、或独自凝神而思。旁边的桌几上，侍者有的正在炭火炉旁煮水烹茶，有的正在分茶汤，是一幅非常生动的古代中国的宫廷茶会图，对我们了解宫廷茶会以及宋代茶文化都具有非常重要的参考价值呢。"

第五章
科学饮茶更健康

我国古代的医学家对茶的保健价值早就有着深刻的认识。近年来，随着科学技术的发展，茶的养生功能除了众所周知的提神、明目、益思、除烦、利尿外，茶还对由于生活水平提高、工作节奏加快引发的人体代谢不平衡有调节作用。联合国粮农组织（FAO）研究认为："茶叶几乎可以证明是一种广谱的，对人体常见病有预防效果的保健食品。"茶已被公认为21世纪的健康之饮。

第一节　健康饮茶的常识

每个人的身体状况不同，不仅有年龄差异、性别之分，身体素质也各不相同，同时茶叶花色品类多样，不同加工工艺生产出不同的茶类，不同茶类所含的功能成分也有区别。因此，选择茶叶时一定要结合自身的实际情况，并注意科学的饮茶方法，这样才能充分发挥茶的养生保健功能。

夫子之前讲过，饮茶因人而异。我和妈妈在家里饮茶习惯也不一样，我爱喝香香的花茶，妈妈爱喝淡淡的红茶。

饮茶也要注意时间，爸爸说他下午开始就不喝浓茶了，不然晚上睡不着觉了。

科学饮茶应注意饮茶时间、方法及用量，饮茶与进食、服药的关系，特殊人群尤其要特别注意。那我们一起了解科学饮茶的原则吧！

一、饮茶时间、方法及用量

一般来说，作为饮料，饮茶的时间并没有严格的规定，只要口渴体内需要补充水分，随时都可以饮茶。但是，从科学和保健的角度，饮茶的时间又很有讲究。空腹饮茶，尤其是浓茶，对胃有刺激作用；饭后立即饮茶又会冲淡胃液，不利于消化，这些情况都不宜饮茶。适宜的饮茶时间应该是在饭后半小时开始。

饮茶应注意浓淡适中、多次慢饮。比如，吃完早餐后可冲泡一杯浓度适中的绿茶，逐次冲饮，续泡2～3次至味淡后弃除茶渣，根据各人习惯可以再新泡一杯，到午饭前半小时；午饭后半小时再新泡一杯红茶，逐次冲饮，至晚餐前半小时。对茶敏感、饮茶后影响睡眠的人，晚间就不宜再喝浓茶，而对茶不敏感的人，晚饭后半小时还可以冲泡一杯普洱熟茶或是安化黑茶，慢慢啜饮。

二、饮茶与进食、服药的关系

饮茶具有解油腻、助消化的作用。大量进食肉、蛋、奶等脂肪量高的食物后，可以喝些浓茶，茶汁会和脂肪类食物形成乳浊液，促进胃内食物排空，使胃部舒畅。进食海鲜、豆制品等高蛋白食物后不宜立即饮茶，以免茶中的多酚类物质与食物中的蛋白质产生作用，影响人体对营养的吸收。

药物的种类繁多，性质各异，能否用茶水服药，不能一概而论。一般，含铁、钙、铝等成分的西药、蛋白类的酶制剂和微生物类的药品都不宜用茶水送服，以免降低药效或产生不良作用。茶叶中含有具有兴奋作用的咖啡碱，因此茶不宜与安神、止咳、抗过敏、助眠的镇静类药物同服。有些中草药如人参、麻黄、钩藤、黄连、土茯苓等也不宜与茶水混饮。一般认为，服药 2h 内不宜饮茶。

三丨 特殊人群饮茶注意

儿童适量喝一些淡茶（为成人喝茶浓度的 1/3），可以帮助消化、调节神经系统、防龋齿；儿童不宜喝浓茶，以免引起缺铁性贫血；饮茶也不宜过多，以免使体内水分增多，加重心肾负担。

女性怀孕期间忌饮浓茶和茶多酚、咖啡碱含量高的高档绿茶或大叶种茶，以防止孕期缺铁性贫血；哺乳期妇女饮浓茶可使过多的咖啡碱进入乳汁，会间接导致婴儿兴奋，引起少眠和多啼哭。

老年人饮茶要适时、适量、饮好茶。老年人吸收功能、代谢机能衰退，心肺功能减退，每次饮茶最好不超过 30ml，以免影响骨代谢，加重心脏负担。老年人晚间、睡前尤其不能多饮茶、饮浓茶，以免兴奋神经，增加排尿量，影响睡眠。

心血管疾病和糖尿病患者可以适量持久地饮茶，有利于心血管症状的改善，降低血脂、胆固醇，增进血液抗凝固性，增加毛细血管的弹性。消化道疾病、心脏病、肾功能不全患者，一般不宜饮绿茶，特别是刚炒制的新茶，以减轻茶多酚对消化道黏膜的刺激，减少心脏和肾脏的负担。

儿歌：科学健康饮对茶

健康饮茶有方法，充分考虑合实际。
茶量时间和温度，宜人宜时最科学。
空腹不要饮浓茶，茶水服药要谨慎。
老人儿童和孕妇，茶量适中味宜淡。

第二节　饮茶健康的基础

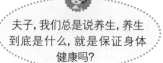

夫子,我们总是说养生,养生到底是什么,就是保证身体健康吗?

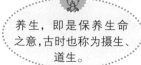

养生,即是保养生命之意,古时也称为摄生、道生。

所以养生是属于医学范畴的吧。

水份
75%～78%

干物质
22%～25%

有机化合物

无机化合物

有机类化合物
- 茶多酚（占干物质总量的20%～35%）
- 蛋白质（占干物质总量的20%～30%）
- 氨基酸（占干物质总量的1%～4%）
- 生物碱（占干物质总量的2%～5%）
- 糖类（占干物质总量的20%～25%）
- 果胶（占干物质总量的4%）
- 有机酸（占干物质总量的3%）
- 类脂类（占干物质总量的8%）
- 色素（占干物质总量的1%）
- 芳香物质（占鲜叶总量的0.02%）
- 维生素类（占干物质总量的0.6%～1%）
- 酶类
- 无机化合物（占干物质总量的3.5%～7%）

是的。中国古代的医学家对茶的养生保健功能有着深刻的认识。早在两千多年前,中国医学典籍中就有不少具体论述养生保健的篇章。伴随着悠久的中国文明史的推进,中国传统医学积累了丰富的养生经验,形成了系统的养生理论。

一个人生命力的旺盛和免疫功能的强大主要靠人体的精神平衡、内分泌平衡、营养平衡、阴阳平衡、气血平衡等来保障。茶"致清导和"，清热降火，益思安神，阴阳调和，正有中医所说的安身固本之功。茶有益于养生，有利于健康，是因为茶中含有丰富的与人体健康有着密切联系的功能成分，包括茶多酚类、生物碱类、氨基酸类等。

据《神农本草》记载："神农尝百草，日遇七十二毒，得茶而解之。"其中的"茶"即茶的古称。三国时期的神医华佗在《食论》中说："苦茶常服，可以益思。"明代大医学家李时珍不仅充分肯定了"茶为万病之药"的观点，而且在《本草纲目》中对这一观点进行了阐析："茶苦而寒，阴中之阴，最能降火，火为万病，火降则上清矣。"即是认为茶苦后回甘，有降火之功，而茶苦中有甘的特性，常常引发人们对人生滋味的感悟。

如果说我国古代医学家、养生家对茶的医疗保健之论多是经验之谈，那么现代医学对茶与人体健康的深入研究，则借助科技充分证明了茶所具有的保健之功。

• 联合国粮农组织(FAO)研究认为："茶叶几乎可以证明是一种广谱的，对人体常见病有预防效果的保健食品。"

• 著名营养学家于若木也指出："据现代医学、生物学、营养学对茶的研究，凡调节人体新陈代谢的许多有益成分，茶叶中大多数都具备。现代科学不但对茶叶的几乎所有成分都分析得较为清楚，而且把它抗癌、防衰老以及提高人体生理活性的机理均已基本研究清楚了。"

一、以茶养身的物质基础

生活中要做到健康饮茶，首先还是要了解茶叶中哪些物质对我们人体有益处吧！

对啊，我知道茶叶可以提神，那是什么物质让我们变得精神了呢？

中医认为茶是一种进可攻、退可补的药材，对五脏六腑有较全面的温补作用。现代科学研究也证实，茶含有多种有益成分，有助消化、提神、降血脂、降血压、抗疲劳和减肥等作用。

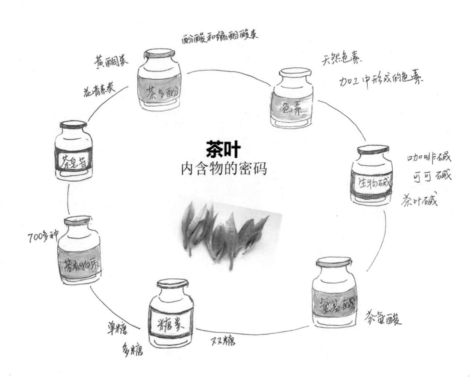

茶叶
内含物的密码

儿歌：茶叶的物质基础

小小茶叶有乾坤，内含有益成分多。

茶多酚和生物碱，氨基酸与茶色素。

各显神通助健康，茶叶好喝还有益。

维生素和矿物质，平衡营养好助手。

强身健体有神功，建立科学膳食观。

致清导和调平衡，安身固本宜养生。

小茶人们要注意咯，茶的功效不可以被无限夸大。事实上茶叶与任何食品、饮料一样，营养成分也有其局限性。多数消费者每天的茶叶饮用量一般不足 15g，每天因饮茶进入人体的蛋白质、氨基酸的量最多不超过 1g，因此，通过饮茶来补充蛋白质和氨基酸作用是非常有限的。

夫子，我们记住了。科学饮茶有益健康，但茶不是包治百病的灵丹妙药。

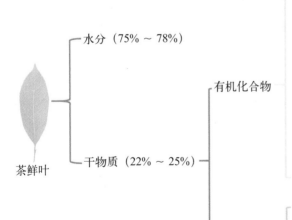

茶鲜叶
- 水分（75% ～ 78%）
- 干物质（22% ～ 25%）
  - 有机化合物
    - 蛋白质（20% ～ 30%）
    - 氨基酸（1% ～ 4%）
    - 生物碱（3% ～ 5%）
    - 茶多酚（18% ～ 36%）
    - 糖类（20% ～ 25%）
    - 有机酸（3% 左右）
    - 类脂（8% 左右）
    - 色素（1% 左右）
    - 芳香物质（0.005% ～ 0.03%）
    - 维生素（0.6% ～ 1.0%）
  - 无机化合物
    - 水溶性部分（2% ～ 4%）
    - 水不溶性部分（1.5% ～ 3%）

茶叶的物质基础		功效和作用
茶多酚类	茶多酚是存在于茶树中的多元酚混合物，主要由儿茶素类、黄酮（苷）类、花青（白）素和（缩）酚酸组成。其重要组分为儿茶素类。	(1) 清除自由基、抗氧化作用 (2) 抗癌、抗突变作用 (3) 抗菌、抗病毒作用 (4) 抑制动脉硬化作用 (5) 降血糖、降血压作用 (6) 抗过敏及消炎作用 (7) 抗辐射作用 (8) 对重金属的解毒作用
生物碱类	生物碱是茶叶中一类重要的生物活性成分。茶叶中的生物碱主要是咖啡碱、茶叶碱、可可碱三种，其中咖啡碱的含量最高。茶叶中的生物碱含量与品种、产地、季节、原料嫩度有一定相关性。	(1) 兴奋与强心作用 (2) 促进消化液的分泌 (3) 抗过敏、炎症作用 (4) 利尿作用 (5) 抗肥胖作用
氨基酸类	氨基酸是组成蛋白质的基本物质，茶叶中游离氨基酸主要有茶氨酸、谷氨酸、精氨酸、丝氨酸等，其中茶氨酸是形成茶叶香气和鲜爽度的重要成分，是茶叶中最重要的一种游离氨基酸。	(1) 降压安神作用，有助于身心疲劳的恢复 (2) 促进大脑功能和神经的生长，预防帕金森氏症、老年痴呆症等疾病 (3) 提高注意力、增强记忆力的作用
茶叶色素	茶叶色素是存在于茶树鲜叶和成品茶中的有色物质，根据溶解度分为水溶性色素与脂溶性色素两大类。水溶性色素主要是指花青素及茶红素、茶黄素和茶褐素；叶绿素、类胡萝卜素则属于脂溶性色素。	(1) 抗脂质过氧化 (2) 增强免疫力功能 (3) 降血脂、双向调节血压血脂 (4) 抗动脉粥样硬化，改善微循环作用 (5) 具有良好的抗氧化及抗肿瘤作用

(续)

	茶叶的物质基础	功效和作用
芳香类物质	茶叶中的芳香物质是指茶叶中易挥发性物质的总称，主要是由醇类、醛类、酮类、酸类、脂类、酚类、过氧化物类等构成。茶叶香气的形成和香气的浓淡，既受不同茶树品种、采收季节、叶质老嫩的影响，也受不同制茶工艺和技术的影响。不同的芳香类物质在不同的温度下挥发，使得茶香变化无穷，魅力无限。	茶叶中的芳香类物质不仅增强了茶的品质，而且有益于身心健康。茶叶纯正的香气，使品饮者嗅觉器官得到享受的同时也引起了大脑愉悦的刺激感受，因此饮茶令人神清气爽，心旷神怡。
维生素	维生素也称为"维他命"，是人体生长发育和维持健康所必需的一类有机化合物。	水溶性维生素以维生素C含量最多，维生素C能增强抵抗力，促进伤口愈合，防治坏血病；绿茶中的维生素E含量比红茶高。
矿物质类	茶叶中含有多种人体所需的大量元素和微量元素，大量元素主要是磷、钙、钾、钠、镁、硫等；微量元素主要是铁、锰、锌、硒、铜、氟（fú）和碘等。一些人体必需的微量元素在茶叶中的含量较丰富，如锌、钒（fán）、镍（niè）、钴（gǔ）、氟等。	微量元素氟的含量极高，可有效预防龋齿和老年骨质疏松症；在缺硒地区，普及饮用富硒的茶是解决硒营养问题的好方法；锌被称为"生命火花"，茶叶中的锌含量高，易被人体吸收，因而茶叶被列为锌的优质植物营养源。

中国营养学会对全国营养调查报告表明,因为膳食结构不合理,我国居民维生素摄入不足和不均衡的现象普遍存在，由此影响了其它营养素的吸收，从而影响人体的身心健康和智力发育。多喝茶有利于补充人体所缺乏的维生素，提高人体免疫力，预防多种疾病的困扰。

夫子，小茶人们因为懂得科学喝茶，这样变得更聪明了，对吗？

是呀，所以小茶人们养成喝茶习惯后，身体更健康。

二、以茶怡情的文化意蕴

茶既具有生物活性功能成份又具有文化意蕴，两者便是以茶养生怡情的物质和文化基础，可以引导品饮者在茶道体验中通过沏茶、赏茶、品茶达到静心、清神的目的，有助于陶冶情操、去除杂念，增强体质，改善健康状况，达到长寿长乐的养生目标。

夫子，小茶人们通过喝茶既增长了知识，学会了泡茶，还变得更自信了。

我们还学会了给爸爸妈妈泡茶，让他们一回到家，就很开心，爸爸妈妈也会变得更健康快乐。

一个人要想达到健康长寿的目的，必须进行全面的养生保健：第一，道德与涵养是养生的根本；第二，良好的精神状态是养生的关键；第三，思想意识对人体生命起主导作用；第四，科学的饮食及节欲是养生的保证；第五，运动是养生保健的有力措施。

只有全面地科学地对身心进行自我保健，才能达到防病、祛病、健康长寿的目的。人若能保持心情愉悦、神清气爽、阴阳协调，免疫力自然增强，万病自易痊愈。

中华茶文化是物质文明与精神文明的结合，是自然科学与社会科学的联姻，也是文学艺术与社会风尚的融汇，它既给予人们物质的享受，同时又给予人们精神的愉怡和熏陶。

茶道讲求的是精神内涵。在饮茶等茶事活动中融入哲理、伦理、道德，通过茶的品饮来修身养性，陶冶情操，品味人生，参禅悟道，达到精神上的洗礼。

儿歌：以茶怡情

以茶怡情有基础，物质文化都重要。
生物活性功能强，文化意蕴作用佳。
静心清神泡杯茶，陶冶情操除杂念。
增强体质促健康，崇尚俭德更怡情。

小茶人们努力以茶怡情，以茶雅志，成为品德高尚之人。

是的，以茶为载体，我们一定能更好地理解生活，更健康地成长。

每个人对茶的理解，就是他对生活的一种理解，一种静观，一种品鉴，一种回味，茶如人生；品茶品人生，茶延伸到人们的精神世界里，就是一种境界，一种理念，一种智慧，一种品格。

第三节　储存选购有讲究

　　茶叶是季节性产品，一般产茶季节在每年的 3 ～ 9 月之间，而消费者购买茶叶却没有固定的季节，为了满足四季皆可饮茶的需求并且让好茶更科学地被储存，我们应掌握贮藏茶叶的正确方法。

一、贮藏茶叶的基本要求

　　茶叶是疏松多孔物质，极易吸潮、吸附异味，故贮藏茶叶的基本要求是严格防止茶叶吸附异味，并在干燥、低温、含氧量少、避光处贮藏。

低温	温度每升高 10℃，茶叶色泽褐变的速度增加 3 ～ 5 倍。低温可以减缓茶叶变质的速度，绿茶、黄茶、白茶这些不发酵或是轻发酵的茶叶贮藏温度一般应控制在 5℃以下，最好是在 -10℃的冷库或冷柜中贮藏，才能较长时间地保持茶叶味道不变。需要后发酵的黑茶不需要冷藏。
干燥	贮藏环境的干燥十分重要，当茶叶水分含量在 3% 时，茶叶成分与水分子几乎呈现单分子关系，可以较好地阻止脂质的氧化变质。茶叶包装前含水量不宜超过 6%。因为含水量超过 6% 时，会加速茶的陈化。
密封	氧气会使茶叶中的化学成分如脂类、茶多酚、维生素 C 等氧化，使茶叶变质。隔绝氧是延长茶叶保鲜期的关键一步。

（续）

避光	光能引起茶叶中叶绿素等物质的氧化，使茶叶变色。光还能使茶叶变为"日晒味"，导致茶叶香气降低。
清洁	防止外来物质的影响。茶叶很容易吸收环境中的异味，包括茶叶的包装袋、盒等容器的气味。保管时应选择无异味、符合食品安全的包装，并置放于无杂味的环境中。

知道了储存的条件，综合起来就是储藏方法了吧。

那我们就可以低温储存，还可以密封储存。可是夫子，为什么我家里有包装好的小袋子茶叶是硬邦邦没有空气的？

那是因为使用了抽气真空贮藏法哦。正确地贮藏茶叶，可以把影响茶叶的外部作用减至最小，从而最大程度地使茶叶保鲜。

二、贮藏茶叶的多种方法

低温储存法	用冷藏室（室内要有防潮装置）或电冰箱贮藏。可将茶叶密封包装后，放入冰箱冷藏柜。如需与其他食物共冷藏(冻)，茶叶应妥善包装，完全密封以免吸附异味。 　　通常贮存期在 6 个月以内者，冷藏温度应维持在 0～5℃；贮存期超过半年者，温度控制在 -18～-10℃为佳。	
抽气真空贮藏法	使用小型家用真空抽气机，一些镀铝复合袋，将新购的茶叶分装入复合袋内，抽气后加上封口，然后区分品种，分开放置。 这样的贮藏方法适合于茶艺馆，如果抽真空后冷藏，可保存的时间将延长。	
密封贮藏法	使用小型手动封口机，用镀铝复合袋或双层塑料袋装好茶叶后即封口。封口后放在家庭冰箱的下层冷藏室内，低温密封可使茶叶仍然芳香如初，色泽如新。	
干燥剂保管法	用目前市场上出售的高级干燥剂（硅胶）来吸收茶叶中的水分，使茶叶充分保持干燥，效果较好。新茶贮藏一个月后换一次干燥剂，以后每两三个月换一次。	
罐贮法	采用各种专用茶叶纸罐、瓷罐、铁罐等来放置茶叶。装茶时最好先内套一个极薄的塑料袋，每罐中可放入 1～2 小包干燥的硅胶，装好后加盖密封，贴上标签，注明品种、生产日期等信息，存放于阴凉避光处。	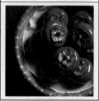

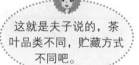

看来绿茶要低温密封和避光保存，而茯砖茶就不用低温储存。

这就是夫子说的，茶叶品类不同，贮藏方式不同吧。

儿歌：储存茶叶有讲究

造时精，泡时洁，藏时燥，古人妙论茶之法。
防高温、防高湿、防异味，科学存储有讲究。
温度低、密封严、空气净，茶性洁净巧保鲜。
冷藏法、罐贮法、抽氮法，根据茶类巧保存。

三丨不同茶类的储存方法

绿茶	绿茶非常容易变质，也极易失去色泽及特有的香气。家庭贮藏名优绿茶可采用干燥剂吸湿，密封包装好后置于冰箱冷藏或茶叶罐中常温保管。
茉莉花茶	茉莉花茶属于再加工茶，含水量高，易变质，保管时应注意防潮，尽量存放于阴凉、干燥、无异味的环境中。
青茶	青茶属于半发酵茶，储存可像绿茶一样，防晒、防潮、防异味，且青茶比绿茶耐存。
红茶	相对于绿茶和青茶来说，红茶陈化变质较慢，较易贮藏。避开光照、高温及有异味的物品，就可以保存较长时间。
黑茶	如果保存得当，黑茶通常是越久越醇，价值越高。千两茶、篓装茶可带包装放置，其他可采用"陶缸堆陈法"，即将茶置入广口陶缸内，以利陈化；也可把即将饮用的茶饼，可将其整片拆为散茶，放入陶罐中，静置半月后即可取用。贮存过程中保持温度、湿度适宜，避光、避异味。
黄茶白茶	黄茶白茶都是轻发酵茶，如果想喝"鲜"味，可参照绿茶的贮存方式；如果想存放出陈香陈味，可参照黑茶的贮存方法。

寓乐天地——图说茶俗我最棒

 我是小小体验官佳佳，通过学习我们明白了，生活中要做到健康饮茶，就要建立科学的膳食观，合理安排饮茶时间、方法、浓淡，适时适量才能充分发挥茶的诸多保健功效。

我是体验官小茗，我们不光要认识茶的种类、品尝茶的滋味，更需要深入学习与了解茶的内含物质，比如茶叶中包含哪些对人体有益的化学成分？不同种类的茶、不同的储藏方式，他们的贮藏效果如何？如果大家也掌握了不同茶叶的储存方式技巧，再结合之前学习过的科学饮茶要求，就可以加入我们，一起为亲朋好友制定一份专属的饮茶计划书了吧！

 茶叶内含物质多，有益成分要知道，不把茶叶归为药，为了健康好身体，科学饮茶最重要。

我们来思考一下。我们身边的人，适合在什么时候饮茶，怎样选择饮茶的种类、控制用量和浓淡。写下你制定的专属饮茶计划书吧！

示范：

佳佳："我自己的饮茶计划书，顺应季节暖冬我选择红茶，使用白瓷盖碗冲泡，3g 茶叶，在午饭后 2h 饮用，少量慢饮，浓度偏淡。"

小茗："我给爷爷制定。爷爷早上十点晨练回来可以喝一泡绿茶，提神解渴，中午吃药以后不能喝茶。下午四点左右我可以和爷爷一起喝熟普洱茶，味道淡一些，暖胃暖身更暖心。"

第六章
中华香茗礼世界

　　饮茶，始于中国，兴于亚洲，传播于世界。但由于各国民族风情不同，文化背景各异，地理环境有别，因而形成了各自特有的饮茶习俗。从大范围而言，亚洲人大都爱好绿茶、红茶、乌龙茶和花茶，崇尚清饮；欧洲人多数爱喝红茶，并加奶、糖等调味品；非洲人酷爱绿茶中的珠茶和眉茶，常在茶汤中加上糖和薄荷。全球有近30亿人口饮茶，遍及160多个国家和地区，中华香茗礼世界，世界茶俗蕴茶味。

我们都学了这么多关于中国的茶文化知识啦，通过前面的学习，我们知道了茶是源于中国并惠泽世界，也很好奇外国朋友们是怎么喝茶的呢，佳佳你知道吗？

妈妈曾经带我去喝过英式的下午茶，装奶盛糖的器具都很精美，喝茶时还会配上很多好吃的甜品噢。

"Tea" if by sea, "cha" if by land
海上传播叫"tea" 陆上传播叫"cha"

佳佳说的很棒，在漫长的历史演变过程中，原产于我们中国的茶与饮茶习俗等，以各种方式向世界各国传播，并与当地的风土人情相结合，在世界各地形成了五彩缤纷的民族饮茶习俗。接下来我们就一起走进外国朋友们有趣的饮茶生活吧。

第一节　日本茶道文化

"茶道"是日本茶文化的代表与结晶，它起源于16世纪。千利休集茶道各流派之大成，把饮茶习惯与禅宗教义相结合，发展成茶道。

日本茶道是将饮茶视为生活规范，藉以修身养性，学习礼仪，以环境优雅为主体，以高尚享受为目的的一种活动。千利休曾用"和、敬、清、寂"四个字来概括"茶道"精神。"和"，就是人们相互友好，彼此合作，保持和平；"敬"，指尊敬老人和爱护晚辈；"清"，即清洁，清静，不仅眼前之物要清洁，而且心灵要清净；"寂"，就是达到茶道的最高审美境界幽闲。

一】日本茶道的发展历程

▶ 萌芽时期：即引进中国唐朝饼茶煮饮法的日本奈良、平安时代

公元 805 年，日本高僧最澄从大唐将茶种带入日本，种在了日吉神社的旁边，形成了日本最古老的茶园。当时的嵯峨（cuó é）天皇对茶赞赏有加，于是下令在畿（jī）内、近江、丹波、播磨各国种植茶树，每年都要上贡茶叶。这一时期的茶文化传播，是以嵯峨天皇、高僧永忠、最澄、空海等人为主体，以弘仁年间为中心而展开的，学术界称之为"弘仁茶风"。

> ➤ **形成时期：受中国宋代末茶冲饮法影响的日本镰仓、**
> **室町（dīng）、安土、桃山时代**

镰仓时代初期，处于历史转折点的划时代人物荣西禅师撰写了日本第一部茶书——《吃茶养生记》。此书的问世，普及扩大了日本的饮茶文化。公元 1235 年，日本僧人圆尔辨圆（谥号"圣一国师"）到浙江余杭径山寺苦修佛学和种茶、制茶技术，回国后在静冈县种茶并传播径山寺的抹茶法及茶宴仪式，根据《禅院清规》将茶礼列为禅僧日常生活中必须遵守的行仪作法，为日本茶道的形成奠定了基础。

师从一休禅师的村田珠光制定了第一部品茶法，使品茶变成茶道，形成了朴素淡雅的草庵（ān）茶风。室町末期，千利休集大成创立了以"和、敬、清、寂"为四规的"利休流草庵风"茶法，将茶道推向顶峰，千利休被尊为日本的"茶圣"。

▶ 成熟时期：受中国明朝叶茶泡饮法影响的日本江户时代

江户时期是日本茶道的灿烂辉煌时期。千利休去世之后，他的后代和弟子们分别继承了他的茶道，形成了许多流派，这时的日本茶道界可谓百花齐放、百家争鸣。其中以迄今为止仍是日本最庞大的三大千家流派——"表千家、里千家、武者小路千家"最为兴盛。虽然他们各自的茶道风格有所不同，表现在动作、建筑、色彩、摆设等的差异上，但他们都以"和、敬、清、寂"为指导思想，并以"家元制度"传承。从千利休创立日本茶道至今，日本茶道依然有着强大的生命力。

二、日本茶道发展历程中有重要贡献的人物

▶ 最澄禅师

最澄（767～822年），是日本佛教天台宗创始人，亦建成了日本最古老的茶园。唐代是中国政治、经济、文化高度发展的时期，也是日本汲取中国文化的高峰时期。公元804年，日本高僧最澄禅师到中国天台山国清寺留学。公元805年，

即唐顺宗永贞元年回国时带回茶籽栽种于日本滋贺县大津市比睿（rui）山东麓的日吉神社境内，该地遂成为日本最古老的茶园。

空海禅师

空海（774～835年），俗姓佐伯，幼名真鱼，赞歧（qí）国（即现在日本的香川县）人，是日本有名的高僧，被誉为"弘法大师"。他与最澄禅师同年来唐，但比最澄法师晚一年归国，曾在古都长安学习，见多识广，回国时不仅带去茶籽，还带去中国制茶的石臼等，在日本全面地传播了从中国所学的茶叶种植、制茶和饮茶技艺。

永忠禅师

永忠（743～816年），775年入唐，805年离开，他在唐朝逗留达三十年之久，居住的长安西明寺，寺内日常有饮茶活动。在长期的生活中，永忠接受了中国茶，并在回国时携带茶种和具有唐风文化代表性的饮茶。在他看来，饮茶是唐朝饮食文化的代表，无疑是进步与高雅的象征，应予以发扬光大。回日本后，他受到天皇的器重，掌管了崇福寺和梵释寺。十年后（公元815年），日本嵯峨天皇到该寺，永忠献上一碗茶，天皇饮完神清气爽，深刻地领略到了唐朝茶文化的独特魅力。"永忠献茶"两个月后，嵯峨天皇命人在京畿（jī）近江、丹波等地种植茶树。

荣西禅师

荣西禅师（1141～1215年），是日本临济宗的初祖，曾两次来到宋朝，将中国的茶文化带回日本，并在日本发扬光大。他撰写了《吃茶养生记》，是日本第一部茶书，被称为"日本茶祖"。荣西法师推广饮茶风尚，其目的是为了给日本人提供防治疾病、养生延年的知识。

➤ 村田珠光

村田珠光（1423～1502年）将禅宗思想引入茶道，形成了独特的草庵茶风。珠光完成了茶与禅、民间茶与贵族茶的结合，为日本茶文化注入了内核、夯实了基础、完善了形式，从而将日本茶文化真正上升到了"道"的地位。

➤ 千利休

千利休（1522～1591年）是日本茶道的"鼻祖"和集大成者，其"和、敬、清、寂"的茶道思想，对日本茶道发展的影响极其深远。

儿歌：日本茶道

日本茶道源中国，结合禅宗与教义。
流派代表千利休，和敬清寂集大成。
程序规范都严格，四规七则不可忘。
以茶修道提素质，构建平和有裨益。

二、日本茶道的程序

茶道包括主人迎客、客人进茶、主人烧茶、主客饮茶、客人谢茶、主人送客等程序。茶道很注重器具的艺术欣赏，茶道所用器具可分为4类，分别为接待用器具、茶席用器具、院内用器具、洗茶器用器具。

（1）宾客进入"茶室"之后，依次序面对主人就座，宾主对拜称"见过礼"，主人致谢称"恳敬词"。

（2）室内庄重肃穆，宾主正襟（jīn）危坐，静看主人进退起跪调理茶具，并用小玉杵将碗中的茶饼研碎。

（3）茶声沸响，主人则须恭接茶壶，将沸水注入碗中，使茶末散开，浮起乳白色沫花，香气四溢。

（4）将第一碗茶用文漆茶案托着，慢慢走向第一位宾客，跪在面前，以齐眉架势呈献。

（5）宾客谢茶，接茶，主人答拜，回礼。

（6）如上一碗一碗注茶，一碗一碗献茶，待主人最后自注一碗，各捧起茶碗，轻嗅、浅啜、闲谈。

四、日本茶道的规范

日本茶道礼法之礼仪和规则的制定正是以有着浓厚宗教思想烙印的"四规七则"为指导。

"四规"指"和、敬、清、寂"，乃茶道之精髓（suǐ）。

"七则"指的是：提前备好茶，提前放好炭，茶室应冬暖夏凉，室内插花保持自然美，遵守时间，备好雨具，时刻把客人放在心上。

因此，日本茶道非常重视程式，讲究规范，并在庄严的气氛中得以践行。日本茶道礼仪具体包括：主与客之间的礼仪，客与客之间的礼仪，人与器物之间的礼仪。总之，日本茶道的目的不在"品茶"，而是通过繁琐细致的动作、规范的程式来达到陶冶情操，净化心灵的效果，甚至是达到"寂"的禅境。

在日本茶道中，对人，相互尊敬并体贴，关系融洽；对物，赋予其生命力；在位置、顺序、动作上遵循有序、有节、有礼的原则，有着一整套细致入微的礼法模式。

夫子，听上去非常复杂，感觉综合了很多东西在里面啊。

对的，总觉得很难理解，夫子能总结性地说说日本茶道是什么吗？

日本茶道是融合建筑、园艺、美术、宗教、思想、文学、烹调等诸文化风格，以饮茶为主体的艺术技能。没关系的小茶人们，茶道非一日参透，今后不断学习，你们就会慢慢有自己的理解和看法的。

日本茶道对国民素质的培养和提高大有裨益。众所周知，日本礼仪多，日本女性温柔贤淑，这种性格有茶道教育和熏陶的功劳。品茶的人置身于一种极其安静的环境之中，目视着茶道师的一道道程序，嗅闻着淡淡的幽香，品尝着又苦又甜的茶和点心的滋味，认真地欣赏茶碗的精湛工艺，虽然不能超凡脱俗、绝尘出世，但至少被茶道的静谧减少了不少心猿意马，不得不收敛起浮躁的一切，在平和之中感受灵魂的洗礼。

第二节　韩国茶礼文化

　　中国是茶树的原产地，也是茶文化的发源地，起源于中国的茶文化在向世界各地传播的过程中较早地传入了朝鲜半岛。中韩两国茶文化交流的历史悠久，源远流长，绵延不绝。新罗统一、高丽王朝、朝鲜李朝、现当代四个时期，共同促进和形成并发展了韩国的茶礼文化。

一｜韩国茶文化发展历程

➤ 新罗统一时期

引入中国的饮茶风俗，接受中国茶文化，开始了韩国茶文化的发展。饮茶首先在宫廷贵族、僧侣和上层社会中传播并流行，且用茶祭祀，以茶礼佛，也开始种茶制茶。在饮茶方法上则效仿唐代的煎茶法。曾在大唐为官的新罗学者崔致远有书函称其携带中国茶回归故里，以茶供禅客，或自饮止渴，或以其忘忧。

➤ 高丽王朝时期

受中国茶文化的影响，朝鲜半岛茶文化异常兴盛。韩国茶礼在这个时期形成，并普及于王室、官员、僧人、百姓中。高丽时期，早期的饮茶方法承唐代的煎茶法，中后期采用流行于两宋的点茶法。高丽时期是朝鲜半岛茶文化的最辉煌时期。

➤ 朝鲜李朝时期

正值中国的明末清初时期，团茶饮用渐少，流行散茶瀹（yuè）泡法，紫砂茶具独领风骚。朝鲜李朝中期，酒风盛行，又适逢清军入侵，致使茶文化一度衰落。至朝鲜李朝晚期，幸有丁若镛、崔怡、金

正喜、草衣大师等的热心维持，茶文化渐见恢复。丁若镛，号茶山，著有《东茶记》，乃韩国第一部茶书，惜已散逸。草衣禅师，曾在丁若镛门下学习，后期渐渐领悟了禅的玄妙和茶

道的精神，著有《东茶颂》和《茶神传》，成为朝鲜茶道精神的伟大创始人，被尊为"茶圣"。丁若镛的《东茶记》和草衣禅师的《东茶颂》是朝鲜茶道复兴的成果。

➤ 现当代时期

20 世纪 80 年代以来，"复兴茶文化"运动在韩国积极开展，韩国茶人出版了专著《韩国茶道》，建立了茶道大学，出现了众多的茶文化组织和茶礼流派。弘扬传统文化与茶礼所倡导的团结、和谐的精神，正逐渐成为现代韩国茶人的生活准则，他们积极开展国际性的茶事活动，与中国、日本及东南亚各国的茶文化界交流密切，互通有无。

儿歌：韩国茶礼

四个时期渐进展，促成韩国茶礼兴。

新罗统一新开端，以茶祭祀供禅客。

高丽王朝新辉煌，茶入王室百姓家。

朝鲜李朝衰后兴，茶人参悟创精神。

当代开辟新发展，建立大学创团体。

兼具煎点和瀹饮，传承中国儒家礼。

二 | 韩国茶礼

　　韩国茶礼的精神深受中国儒家礼制思想的影响，儒家的中庸思想被引入韩国茶礼之后，即形成了"中正"的茶礼精神。源于中国的韩国茶礼，其宗旨是"和、敬、俭、真"。"和"，即饮茶人须心地善良；"敬"，即彼此之间相互敬重，相互礼遇；"俭"，即生活俭朴，内心清廉；"真"，即心地真诚，以诚相待。

　　韩国的茶礼种类繁多、各具特色。如按名茶类型区分，有"抹茶法""饼茶法""钱茶法""叶茶法"4 种。韩国茶文化历史悠久，每年 5 月 25 日是"茶日"，年年均举行茶文化庆祝仪式。其主要内容有传统茶礼表演、成人茶礼和高丽五行茶礼。

➤ 韩国成人茶礼

　　成人茶礼是韩国"茶日"的重要活动之一，礼仪教育是韩国用儒家传统思想教化民众的一个重要方面，如冠礼（成人）教育就是培养即将步入社会的青年人的社会义务感和责任感。成人茶礼是通过茶礼仪式对刚满 20 岁的少男少女进行传统文化和礼仪教育，其程序是会议主持、成人者及亲属同时入场。然后，会长献烛，副会长献花，冠者（成人）进场向父母致礼向宾客致礼，司会致成年祝辞，进行献茶式，成年合掌致答辞，成年再拜父母，父母答礼。冠礼者 13 人，其中女性 8 人，男性 5 人。

➤ 韩国高丽五行茶礼

高丽五行茶礼气势宏伟，规模更大，展现的是向茶圣炎帝神农氏的神位献茶之仪式，是韩国为纪念神农氏而编制出来的一种献茶仪式，是高丽茶礼中的功德祭。

高丽五行茶礼是古代茶祭的一种仪式。茶叶在古高丽的历史上，历来是"功德祭"和"祈雨祭"中必备的祭品。五行茶礼的祭坛设置：在洁白的帐篷下，挑 8 片绘有鲜艳花卉的展风，正中张挂着用汉字繁体字书写的"茶圣炎帝神农氏神位"的条幅，条幅下的长桌上铺着白布，长桌前置放小圆台三张，中间一张小圆台放青瓷茶碗一只。五行茶礼的核心是祭拜韩国崇敬的中国"茶祖"炎帝神农氏。

五行茶礼具体是指：献茶、进茶、饮茶、品茶、饮福，五行茶礼是韩国国家级的进茶仪式，所有参与茶礼的人都有严谨有序的入场顺序，一次参与者多达 50 余人。

第三节　英式红茶情缘

我还记得广州的早茶，太丰盛了。国外有没有类似的饮茶习俗呢？

广州有早茶，英国有下午茶啊，我记得英国下午茶点心和甜食特别多！

无论是广州的早茶还是英式下午茶，它们都不仅仅是简单的生活习惯，而是逐渐发展成了各具特色的文化方式，饮茶已经融入他们的日常生活，不可或缺。

英国人对红茶的酷爱堪称世界之最，虽然英国从来不是一个出产茶的国家，但它却在红茶的发展史上占有举足轻重的地位，尤其是英国人的饮茶习俗，几乎可以称得上是一种将东西方文明有机结合的典范。

自茶叶于 17 世纪开始作为商品大量外销后，随着新航线的开辟，欧洲各国的船队经过好望角进入到东南亚以及东亚，开始了大规模的海上贸易。中国的茶叶、丝绸等是外销的大宗物品，其中又以茶叶为最，带动了欧洲的饮茶文化，最终在英国形成了独特的茶文化。

最初英国人饮用的红茶主要是中国的正山小种或者滇红一类，后来也有其他国家的红茶进入，再之后英国人就开始了自己的 DIY 之路。在目前英式下午茶单上，伯爵茶（Earl Grey）、阿萨姆（Assam）、大吉岭（Darjeeling）、早餐茶（Breakfast Tea）都是必备单品，它们都是以红茶为茶基制成。

一 英式下午茶的起源

17 世纪中叶，葡萄牙的凯瑟琳公主嫁给了英国国王查尔斯二世，凯瑟琳公主的嫁妆中有一箱她非常喜欢的中国茶叶。因为凯瑟琳视茶为健美饮料，嗜茶、崇茶，所以被人们称为"饮茶皇后"。在凯瑟琳公主的倡导与推动下，饮茶之风开始在英国王室中流传开来，继而扩展到王公贵族世家，茶饮逐渐取代了酒精饮料。到了 18 世纪，饮茶已普及到英国民间。

世界闻名的英式下午茶的习俗始于 19 世纪 40 年代，当时英国上层社会家中刚引进天然气照明设备，延后用晚餐时间成为可行且时髦（máo）之事。极具影响力的贵族贝德福德的公爵夫人安娜玛利亚创造了延续至今的下午茶。她每天都会吩咐仆人在下午 4 点备好一个盛有黄油、面包以及蛋糕的茶盘垫垫肚子，也时常邀请闺中密友到自己的花园喝茶聊天，宫廷贵妇们纷纷效仿，这种茶歇很快便成了当时的社会潮流。

到了 19 世纪 80 年代，上流社会女性则会为了享用一顿下午茶而专门换上长礼服、手套以及帽子。从此，英式下午茶的美名便不禁而走，成为了全世界红茶饮用形式中的一道亮丽风景。

传统的英式下午茶通常在下午 3 ～ 5 点举行，除了上好的红茶之外，有一个三层的银质托架，上面的托盘里放着精美的点心，又被称为"三层塔"。除了品茶吃点心，欣赏精美的茶具之外，英国人在优

雅的茶会上还会欣赏花园、点评画作、讨论莎翁作品或是聊起任何闲适的话题。所以，"下午茶"聚会也是体现参与者家庭教养、文化修养和礼仪涵养的最佳场合。

三层塔，第一层叫做"savories"，摆放咸味的三明治，例如去边面包制成的薄片黄瓜三明治则是经典之选，还有如熏鱼、鱼子酱等开胃小菜；第二层多为英式松饼"scones"，通常摆放果酱烤饼奶酪；第三层则称之为"pastries"，多为蛋糕及水果塔。茶点的食用顺序应该遵从"味道由淡到浓，由咸到甜"的法则，由下往上开始吃。

儿歌：英式红茶情缘

东西文明相结合，英式红茶树典范。
饮茶皇后力推动，饮茶之风广流传。
伯爵夫人办茶歇，引领英式下午茶。
下午四点钟声响，时间因茶而暂停。
赏器品茶吃点心，礼仪高雅三步曲。
中国红茶异国香，清饮调饮皆是情。

英式下午茶很有特色，我也很喜欢牛奶红茶的味道。

他们的礼仪很讲究，器具也很漂亮。

英国民众酷爱饮茶，据2014年Roberto A. Ferdman 的报道，英国人均年消费茶叶量已超过了 2kg。更有甚者，2010 年英国政府曾经发起一项关于"英国偶像"的调查，结果大多数英国人选择了"一杯茶"。这是因为，在英国人心中"世上没有什么难题是一杯热腾腾的茶所不能解决的（英国谚语）"。由此可见，"茶"对英国人的影响是多么深刻！

二丨 英式茶会礼仪

传统的"下午茶"是作为一种重要的社交活动而进行的，因此讲究相应的礼仪规则。当代，饮茶在英国不仅是一种生活习惯，更是一种文化方式。所谓的"英国茶礼"（English Tea Ritual）。主要在招待客人时才会行此礼仪。

➤ 烧 水

当着客人的面用水壶将水烧开，以示水质的新鲜和对客人的尊重。

➤ 置 茶

茶礼上所有之茶不能是袋泡茶或者是茶粉一类过碎的茶叶，而是多采用条形茶或碎形茶中碎片/颗粒较大的茶叶。

➤ 加　奶

在加奶前要先询问客人的习惯口味，得到首肯后将牛奶加入茶杯中。现在越来越多的人喜欢后加奶，以便能够在饮茶前欣赏茶汤明丽的色泽和嗅闻茶香。

➤ 过　滤

将茶滤置于茶杯杯沿之上，茶壶中倾注出来的茶汤经茶滤过滤后注入杯中。

➤ 奉　茶

将盛着茶汤的茶杯捧到客人面前，并向客人示意：可以根据自己的口味加奶或者加糖。

➤ 续　杯

待客人茶杯中茶汤饮用完后，询问客人是否需要续杯，得到肯定后将茶壶中的茶汤再过滤后添加到客人杯中。

第四节 共览世界茶俗

我们学习了日本茶道、韩国茶礼也体会了英式下午茶情缘，我还想了解其他国家的饮茶方式，比如美国、印度，还有俄罗斯！

世界是包容的，饮茶也是，世界各国都有自己的饮茶方式和习惯，但是共同点都是对饮茶的喜爱和认同，这就是夫子提到过的"和而不同，美美与共"吧！

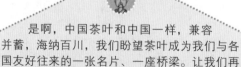
是啊，中国茶叶和中国一样，兼容并蓄，海纳百川，我们盼望茶叶成为我们与各国友好往来的一张名片、一座桥梁。让我们再一起看看有哪些国家的饮茶方式充满了创造性和独特魅力吧。

一、印度

印度人通常把红茶、牛奶和糖放入壶里，加水煮开后，滤掉茶叶，将剩下的浓似咖啡的茶汤倒入杯中饮用。这种甜茶已经成为他们日常生活

和待客中必不可少的饮料。将红茶与羊奶以各占1/2的比例调和，煮沸，再放入生姜片、茴香、肉桂、槟榔和肉豆蔻等，使茶香味更浓并富有营养价值。印度人的客来敬茶方式也很有特色。客人到访，主人会请客人坐在地上的席子上。客人的坐姿必须是男士盘腿而坐、女士双膝相并着屈膝而坐。主人给客人捧上一杯甜茶，客人先要礼貌地表示感谢和推辞。主人再敬，客人才能以双手接茶。

二、新加坡、马来西亚

在新加坡和马来西亚可以品到肉骨茶，即用茶叶、猪排骨肉配以中药材、盐、胡椒和味精，并在锅中煮多次而成的饮品。这种茶是19世纪初从我国带到新加坡和马来西亚的，现中国已不多见，但在新加坡和马来西亚则大行其道。

新加坡和马来西亚夏季温高暑重，人们出汗多，体力消耗大，肉骨

茶中的茶叶和中药使之具有抗寒、抗热，缓解疲劳的作用。一般肉骨茶中的茶是中国的名茶铁观音、白毛猴等，药材则包括丁香、八角、熟地、党参、百合、淮山、当归、枸杞、果友、罗汉果、甘蔗、蒜头、胡椒粒等，这些都是营养丰富、补气补血的良药。

二、俄罗斯

　　俄罗斯人喝茶，则伴以大盘小碟的花生酪、蛋糕、烤饼、馅饼、甜面包、饼干、糖块、果酱、蜂蜜等"茶点"；俄罗斯人则酷爱红茶，从饮茶的味道看，俄罗斯人更喜欢喝甜茶，喝红茶时习惯于加糖、柠檬片，有时也加牛奶。在俄罗斯的茶文化中糖和茶密不可分，俄罗斯人喝甜茶有三种方式：一是把糖放入茶水里，用勺搅拌后喝；二是将糖咬下一小块含在嘴里喝茶；三是看糖喝茶，既不把糖搁到茶水里，也不含在嘴里，而是看着或想着糖喝茶。

值得一提的是俄罗斯人还喜欢喝一种不是加糖而是加蜜的甜茶。在俄罗斯的乡村，人们喜欢把茶水倒进小茶碟，而不是倒入茶碗或茶杯，手掌平放，托着茶碟，用茶勺送进嘴里一口蜜后含着，接着将嘴

贴着茶碟边，带着响声一口一口地吮茶，这种喝茶的方式俄语中叫"用茶碟喝茶"，有时代替蜜的是自制果酱，喝法与伴蜜茶一样。

四、法 国

午后茶是巴黎人生活中不可缺少的一部分。法国人泡茶方法与英国相似，在茶中加入牛奶、砂糖或柠檬等。另外再以各式的甜糕饼佐茶，午后茶一般在下午 4 点半至 5 点半供应。法国人也喜爱绿茶，清饮和调饮兼而有之。清饮法则与中国相似，调饮时加方糖或新鲜薄荷叶，使茶味甘甜清凉，香浓隽永。

现在法国巴黎茶室之多，可同咖啡馆和饭店相比，而且许多快餐店专设茶水供应，出现了以茶代替可乐或牛奶的情况。

五、美 国

美国人一般早餐不饮茶，而在午餐时饮茶，并佐以烘脆的面包和家庭自制的果酱。在美国，不同民族、不同地区的饮茶习惯都有不同，如南部一些州市，冬季饮热茶，夏季则大量饮用冰茶。城镇街道上冰茶室到处可见。近年来，冰茶更是风靡全美，并登上大雅之堂，食谱上正式列入热茶与冰茶两种饮料。

冰茶的调制方法是：将泡好的红茶汁倒入已放入冰块的玻璃杯中，再加入适量的蜂蜜和新鲜的柠檬，一杯冰凉爽口的冰茶就泡好了。传统的饮茶方法得到改变，新的饮茶方式应运而生，如袋装冰茶、速溶茶、混合冰茶、袋泡茶等，速溶茶是一种可快速饮用的茶，饮用方法也与速溶咖啡一样，可置于冰箱中或加冰块使其冷却后再饮；混合冰茶，即将冰茶与各种酒混合而成。美国厂家将冰茶制成袋装或瓶装在市场上出售，被好方便的美国大众接受，现在大多数美国家庭习惯从市场上购回一大袋冰茶放入冰箱中慢慢饮用。

六、埃 及

埃及饮茶之风深入寻常百姓之中，成为非洲国家中最大的茶叶消费国。埃及人喜欢喝浓厚醇烈的红茶，加糖热饮是他们的习惯。

埃及普通家庭的饮茶习俗与俄罗斯十分相似。他们喝茶时使用的是俄式茶炊——沙玛瓦特。冲泡器皿一般较小，比如小瓷茶壶、小玻璃杯等。沙玛瓦特是将水煮沸后，先将小瓷茶壶凑近茶炊的"水龙头"，拧开，让沸水流进茶壶。但这不是为了泡茶而是温壶，所以要盖好壶盖，上下左右摇晃茶壶，使沸水与壶充分接触。然后，把温壶水倒掉，再拧开龙头，冲入大半壶沸水，再放入一小撮茶叶，把沸水加满，盖上壶盖，加热片刻，泡茶才算结束。

茶水斟入杯中后，可加入煎糖。用小勺在茶杯中搅动，待茶稍凉后，再端起杯子开始大口饮茶。埃及人一般喝茶至少喝三杯，不能少喝，只能多喝。他们认为第一杯茶仅用来消除正餐中煎炒类食品的火气，而第二杯茶才是真正的在品茶。

七 | 摩洛哥

与埃及同属北非的摩洛哥也是个酷爱饮茶的国家，不同的是，他们嗜饮中国绿茶，每年进口绿茶数量居世界第一位。不仅如此，摩洛哥人的茶具还是闻名世界的珍贵艺术品。一套讲究的摩洛哥茶具重达100kg以上，有尖嘴的茶壶、雕有花纹的大铜盘、香炉型的糖缸、长嘴大肚子的茶杯等，一般上面都刻有富有民族特色的图案，赏心悦目，风格独特。

摩洛哥人泡茶时，先往已放入茶叶的茶壶中冲入少量的沸水，但必须立即将水倒掉，重新冲入开水，加白糖和鲜薄荷叶，泡几分钟后再倒入杯中饮用。茶叶泡过2～3次之后，还要适量添加茶叶和白糖，使茶味保持浓淡适宜、香甜可口。

八、其他地区茶俗

大洋洲主要饮茶国家是澳大利亚和新西兰。这两个国家畜牧业发达，居民以肉食为主，饮茶习俗都比较普遍。由于两国居民多为欧洲移民的后裔，所以，两国的饮茶习俗也都是沿袭欧洲人饮茶的方法。

澳大利亚、新西兰与英国一样，有饮早茶和午后茶的习惯。普通家庭泡茶，通常用两个壶。一只盛茶，一只盛热水。他们爱好饮茶汤鲜艳、茶味浓厚的红碎茶，并根据饮者自己的口味加入糖、牛奶或柠檬进行调制。

居住在澳大利亚和新西兰高寒山区的游牧民以放牧为生，所处环境寒冷异常，蔬菜极少，他们早晨起床后，立即用锡壶罐烧开水，同时放入一撮茶叶，任其煎煮。煮好后，早餐时可饮用。他们还喜欢在煮好的茶汤中加入甜酒、柠檬、牛奶等多种调料，使茶汤富有营养，增加热量，趁热饮用，如饮甘露。

寓乐天地——世界茶俗来入座

小伙伴们，你们好，我是小小体验官佳佳，我们将在这次体验活动中，体验日本茶道的有序、韩国茶礼的恭敬、英式下午茶的浪漫，还有其他国家有趣的茶礼及饮茶习惯，我们能深刻体会到，什么是"和而不同，美美与共"，即使各国、各地区、各民族的饮茶方式和习惯有所不同，但是共同组成了丰富多元、竞相绽放光彩的世界饮茶文化。

小伙伴们，你们好，我是体验官小茗，中国茶叶的传播既有通过碧波万顷的海路，又有通过蜿蜒（wān yán）曲折的陆路，在这条"茶叶之路"上既有舟楫横渡的壮观，又有车马奔驰的喧嚣。让我们顺着这条茶香遍布的道路，去找寻途中美丽的风景，体会饮茶文化的多变性和创造性！

大范围而言，亚洲人大都喜好绿茶、红茶、乌龙茶和花茶，崇尚清饮；欧洲人爱喝红茶，并且加糖、加奶等，喜欢调饮；非洲人酷爱绿茶中的珠茶、眉茶，并且常在茶汤中加入糖与薄荷等。但具体到每个国家，不同地区，还是有很大差别。世界各国有多种多样、各具特色的茶礼茶俗，大家试试能不能又快又好地完成连线吧。

四 规 七 则   新加坡

三层塔茶点   俄罗斯

五 行 茶 礼   摩洛哥

肉 骨 茶   日 本

冰 茶   阿根廷

薄 荷 甜 茶   韩 国

马 黛 茶   美 国

糖 茶   英 国

其乐融融亲子茶，爱茶爱家也爱你

小伙伴们，你们好，我是小小体验官佳佳，有一首歌这样唱："没有天哪有地，没有地哪有家，没有你哪有我……"，父母是儿女人生路上的一盏明灯，是雨天里的一把大伞，为儿女保驾护航，为儿女遮风挡雨……为爸爸妈妈亲手泡一杯茶，表达感激与爱意，是很有意义的事。

小伙伴们，你们好，我是体验官小茗，酒杯里飘出的是感情，咖啡里尝到的是浪漫，白开水中体味的是生活，而茶里感受的却是回味，是温暖，是贴心的问候与关怀！经过这么长时间的学习，我们掌握了基础茶艺、茶席设计的技能，也通过诗文曲画体会到了茶文化的博大精深，那么今天作为最后的一次活动，你想如何为爸爸妈妈亲手冲泡一杯清茶来表达爱意呢？快来跟我一起准备吧！

小小茶人习茶艺、行茶礼、表茶意，勤思勤练不浮躁，心静手净恭敬。

茶性本和谐，它是爱的象征，是交流的桥梁，希望我们能在茶文化的熏陶下，更好地体会人间的各种和谐之美、健康之美！我们本次的活动内容为：借助茶的平淡、温馨与关爱来演绎儿女对父母的感恩之爱。亲子茶艺，为辛苦操劳的父母奉上清茶一盏吧！

地点：家中的客厅

环境：干净、整洁、温馨

背景音乐：父母平时喜爱的音乐

茶具：盖碗、公道、品茗杯、茶漏、茶船、茶巾、随手泡等

茶类：父母喜欢的茶类（任何茶类都可）

第一步：备具候用、备茶以待

第二步：佳人入堂、喜迎至亲

第三步：敬茶达礼、交流传爱

第四步：亲身事茶、躬亲言教

第五步：收杯谢恩、畅想未来

图书在版编目（ＣＩＰ）数据

少儿茶艺. 下册 / 朱海燕著 . -- 北京：中国林业出版社，2020.8（2024.7 重印）
ISBN 978-7-5219-0675-2

Ⅰ . ①少… Ⅱ . ①朱… Ⅲ . ①茶艺－中国－少儿读物 Ⅳ . ① TS971.21-49

中国版本图书馆 CIP 数据核字 (2020) 第 122155 号

中国林业出版社
责任编辑：杜 娟 陈 慧
出版咨询： （010）83143573

出版：中国林业出版社（100009 北京西城区刘海胡同 7 号）
网站：https://www.cfph.net
印刷：北京博海升彩色印刷有限公司
发行：中国林业出版社
电话： （010）83143500
版次：2020 年 9 月第 1 版
印次：2024 年 7 月第 2 次
开本：710mm × 1000mm 1/16
印张：13.5
字数：200 千字
定价：89.00 元